Was kost'n der Hund?

Stephanie Noelle

Was kost'n der Hund?

Skurriles aus dem Alltag
einer Hundezüchterin

Mit Zeichnungen von Jeanne Kloepfer

Bibliographische Information der Deutschen Nationalbibliothek

Die Deutsche Nationalbibliothek verzeichnet diese Publikation in der Deutschen Nationalbibliografie; detaillierte bibliografische Daten sind im Internet über http://dnb.ddb.de abrufbar.

Zeichnungen:
Jeanne Kloepfer, Lindenfels

Gesamtgestaltung:
Dirk Noelle, Visselhövede

Herstellung und Verlag:
Books on Demand GmbH, Norderstedt

ISBN: **978-3-84236-199-7**

INHALT

Muss das sein ?

Diese Frage bekomme ich vornehmlich von meinen Schwiegereltern gestellt, die beide gänzlich ohne Haustierkontakte aufgewachsen sind und mit diesem Zustand eigentlich auch sehr glücklich sind. Sie leben in einer netten Wohnung in einem netten Randgebiet von Hamburg mit netten Nachbarn, die ebenfalls alle ohne Haustiere gut auskommen. Die Wohnung meiner Schwiegereltern könnte direkt der Zeitschrift „Schöner Wohnen" entsprungen sein mit schneeweißen Teppichen, seidenbezogenen Wohnzimmermöbeln, seltenen Orchideen in jedem Blumenfenster, Sitzmöbeln aus Mahagoni und einem wunderschönen Tischbrunnen mit kleinen Delphinen aus Halbedelsteinen...

Als ich meinen Mann näher kennen lernte, besaß ich zu dem Zeitpunkt gerade meinen ersten Hund, eine niedliche kleine rabenschwarze Mischlingshündin mit weichem seidigem Fell, circa kniehoch und absolut wohlerzogen. Dieser Hund wurde von meinen Schwiegereltern als nette kleine Kuriosität akzeptiert und bei Besuchen mit diversen Leckerlies verwöhnt. Unser erstes gemeinsames Weihnachtsfest bei meinen Schwiegereltern bleibt mir ewig in Erinnerung, da die kleine Hündin sehr dekorativ mit einer riesigen knallroten Schleife versehen wurde und für den Rest des Abends unter dem Weihnachtsbaum platziert wurde – nein wie süß...

Wer mich kennt, der weiß, dass ich in solch eine Umgebung so gut hineinpasse wie eine Kuh in einen Swimmingpool- nämlich gar nicht. Ich bin eher ein etwas burschikoses und bodenständiges Exemplar von Frau, die unglücklicherweise immer genau das sagt, was sie gerade denkt; nicht immer sehr diplomatisch, ich geb's ja zu. Seit meiner frühesten Kindheit habe ich eine ausgeprägte „Tiermacke", die ich

seither gründlichst auslebe. Es hat mich Jahre gekostet, meine Eltern dazu zu bewegen, mir ein Haustier zu erlauben. Am Anfang musste ich mich mit Fischen zufrieden geben, da mein Vater auch noch an einer ausgeprägten Tierhaarallergie litt. Durch eine liebe Nachbarin bekam ich aus einer Zuchtauflösung eines Kaninchenzüchters ein Jungtier geschenkt. Da meine Eltern das gute Verhältnis zu dieser Nachbarin nicht trüben wollten, musste wohl oder übel eine Behausung für das Tier her. So zog „Mucki" auf dem Balkon in einem schönen Holzstall ein. Dummerweise war der Käfig für die Maße eines normalen Zwergkaninchens konzipiert, und nicht für die strammen 5 Kilogramm Lebendgewicht, die „Mucki" prächtig entwickelte. Das vermeintliche Zwergkaninchen entpuppte sich als sog. „Blauer Wiener", so weit von einem Zwergkaninchen entfernt wie eine Dogge von einem Chihuahua. Die Gerüche dieses Tieres störten meine Mutter bei ihrem täglichen Sonnenbad auf dem Balkon, daher musste für das Tier eine andere Unterkunft gefunden werden. Ein befreundeter Bauer stellte mir seine ehemalige Kaninchenzuchtanlage zur Verfügung, damit wurden mir Tür und Tor geöffnet...

Innerhalb eines Jahres hatte ich Kaninchen, Meerschweinchen und zwei zahme Hausgänse auf dem Bauernhof angeschleppt, Gott sei Dank war der Bauer genauso ein Tiernarr wie ich — er schmunzelte nur wenn ich wieder mit einer Neuerwerbung ankam.

Mit 16 schaffte ich mir mein erstes Pony an, einer meiner größten Wünsche ging damit in Erfüllung. Ich jobbte neben der Schule, um das Pferd zu finanzieren sowie die anderen „Viechereien". Nur mein größter Wunsch — ein eigener Hund — blieb mir verwehrt, da ich in unserem mittlerweile bezogenen Haus keine haarigen Mitbewohner halten konnte.

Während der Schulzeit habe ich mich sehr für die Genetik interessiert. Der praktische Teil – die Rassetierzucht – bestimmte mein gesamtes Freizeitvergnügen. Nach dem Abitur begann ich Tiermedizin zu studieren, sattelte dann um auf Agrarwissenschaften, Fachrichtung – wie kann es anders sein – Tierzüchtungslehre und Genetik. Da war ich voll in meinem Element, das Studium hat mir wahnsinnig viel Spaß gemacht.

Nun bringt es die Natur des Studierens in einer fremden Stadt so mit sich, dass man seine erste eigene Bude bezieht. Netterweise war dort sogar Hundehaltung erlaubt. Ich gab mir drei Monate zum Einrichten der Wohnung, dann hielt ich es nicht mehr aus und kaufte mir meinen ersten Hund: „Pippilotta Viktualia Schokominza Rollgardina Ephraim's Tochter Langstrumpf" genannt „Pippi". Pippi war wie ein Espresso – klein, schwarz und belebend, eine echte Bereicherung. Sie hat alle meine ersten Gehversuche bezüglich Hundehaltung und Erziehung mit stoischer Ruhe und Geduld über sich ergehen lassen und die Erziehungsmethoden mit der Sturheit ihres Dackelerbes untergraben. Sie ist der Grund, warum ich heute ohne Hund nicht mehr leben könnte, ganz einfach weil mir dann etwas Elementares im Leben fehlen würde.

Nun ist es nicht bei dem einen Hund geblieben, da mein (zugegeben etwas fernseh- und Lassiegeschädigter Mann) eine Vorliebe für Collies hat, zog zwei Jahre nach unserem Kennenlernen ein stattlicher Collierüde „aus zweiter Hand" bei uns ein. Inzwischen leben bei uns sechs Hunde: zwei Colliehündinnen, die wir aus den USA importiert haben, zwei „Lassie-Exemplare" und zwei Kurzhaarcolliedamen aus eigener Nachzucht. Wir züchten mittlerweile seit fast 15 Jahren Amerikanische Collies, auch in der in Europa sehr seltenen Farbe

Weiß. Diese Tatsache hat schon zu den skurrilsten Kontakten geführt, von einigen werde ich hier berichten.

Um damit auf die Frage meiner Schwiegereltern zurück zu kommen: Ja, es muss sein! Ich züchte Hunde aus Leidenschaft und Überzeugung (hört sich pathetisch an, ist aber so), anders kann man das auch meiner Meinung nach nicht durchhalten. Hunde zu züchten bedeutet Arbeit, Kosten und viele persönliche Einschränkungen, aber auch viel Freude. Wer denkt, dass Hundezucht ein finanzieller Gewinn ist, der irrt gewaltig. Die Kosten für einen Wurf überschreiten – streng wirtschaftlich gerechnet – den Ertrag bei Weitem. Die Arbeit mit den Hunden und den Welpen wird einem nicht vergütet, man leistet sie freiwillig und zu jeder erforderlichen Tag- und Nachtzeit ab. Man verzichtet auf Urlaub, viele Freizeitangebote und kann dafür alle sechs Monate im Haus renovieren, tapezieren und streichen, wenn man nicht gerade im Garten wieder versucht zu retten, was nach der letzten Welpenspielstunde zu retten ist... Ich habe jedoch die Möglichkeit, mit meinem Wissen und Engagement einen Beitrag für die Erhaltung dieser wundervollen Rasse zu leisten, jeder weitere hier geborene Wurf ist für mich ein wichtiger Schritt in die richtige Richtung. Deshalb kann ich es nicht lassen...

Im Laufe der Zeit hatte ich mit einer Fülle von Personen und Persönlichkeiten zu tun. Es gab solche und solche darunter, ganz nach dem Prinzip: Life is full of colourful people... Ein paar meiner Erlebnisse möchte ich in diesem Buch schildern, sowohl die positiven wie die negativen, die lustigen wie jene, bei denen selbst mir die Worte fehlen. Die Namen sind frei erfunden, die Personen existieren jedoch real und der eine oder andere wird sich vielleicht in diesen Geschichten wieder erkennen...

Was kost'n der Hund?

Ich bekomme regelmäßig E-Mails, die bezüglich einer Welpenanfrage nur einen Punkt geklärt haben möchten: den Preis. Meistens machen sich die Leute noch nicht einmal die Mühe, diese Frage nett zu verpacken, bestes Beispiel:

-„WAS kost'n der Hund? Ich warte auf Antwort, Grüße Judy"-

Diese E-Mail ist stellvertretend für viele Anfragen, die von Menschen kommen, die denken, so ein Rassehund mit vielen Gesundheitschecks und Untersuchungen bei Fachtierärzten würde 100 € kosten. In der Regel bekommen diese Leute von mir folgende Antwort verpasst:

- Kuscheliger Colliewelpe mit herzzerreißendem Blick, aus einer Gütesiegelzucht mit mannigfaltigen Untersuchungen und Gesundheitszertifikaten, unwiderstehlich: *1.000 €*

- Welpengeschirr, Leine, Hundekorb mit Kissen, Näpfe und Welpenspielzeug: *100 €*

- Tierarztkosten für Nachimpfungen und Entwurmen: *75 €*

- Haftpflichtversicherung: *90 €*

- Futter für ein Jahr: *600 €*

Zwischensumme: ***1.865 €***

- In der ersten Nacht drei Paar zerkaute Herrensocken und ein Damendessous: *80 €*

- In der zweiten Nacht schläft der Welpe nicht mehr im Schlafzimmer, sondern im Flur: Restaurierung des angekauten und vollgepieselten Berberteppichs: *600 €*

- Für die dritte Nacht muss eine große Hundetransportbox her... :   150 €

- Auf dem Parkplatz der Hundeschule den Welpen 15 min allein im Auto gelassen. Sicherheitsgurt austauschen und den Schaltknüppel ersetzen lassen: 400 €

- Eine weitere Transportbox fürs Auto kaufen, weil die erste nicht in den Kofferraum passt: 150 €

- Größeres Halsband, zerkaute Lederleine durch Nylon ersetzen, neues Spielzeug und jede Menge Kauknochen: 100 €

- Gartenzaun erhöhen, Bordstein setzen gegen die Untertunnelungsversuche des hochbegabten kleinen Tiefbauingenieurs: 2.500 €

- Der Landwirt vom Dorfrand muss seinen Weidezaun wieder aufrichten, denn unser Liebling hat seinen Mut an der Jungbullenherde erprobt: 1.000 €

- Eine Runde Freibier für die Helfer der freiwilligen Feuerwehr, die die Bullen auf der Bundesstraße eingefangen haben: 250 €

- Agilityparcours für den Garten, z.T. im Eigenbau, um das Trainingsprogramm zu optimieren und den Hund endlich von den verdammten Viechern abzulenken: 1.000 €

- Fünf Heidschnucken, Pacht für eine kleine Schafweide, damit der Hund seiner natürlichen Bestimmung nachgehen kann: 800 €

- Ausbruchsicherer Zaun für vorgenannte Weide: 1.000 €

- Trotzdem haben die Schafe die Vorgärten der Nachbarschaft erkundet, Stauden und Erdbeerbeete sind besonders beliebt...: 400 €

- Du möchtest einen zweiten Collie, denn die Hütearbeit mit zwei Hunden ist ungleich interessanter (Halsband, Tierarzt, ...): 1.250€

- Anwalts- und Gerichtskosten für den Prozess gegen die Nachbarn: 4.000 €

- Spende an den örtlichen Tierschutzverein, wegen ausgeübter Nachsicht trotz vorsätzlicher Quälerei von Klauentieren: 250 €

- Du brauchst mehr Schafe, das Training mit immer der gleichen Gruppe ist nicht effektiv: 600 €

- Am Besten kaufst Du gleich einen Resthof auf dem Land, dann kannst Du auch endlich mehrere Collies halten und selbst züchten: 200.000 €

- Jährliche Reisekosten für die Teilnahme an Agility-turnieren und Hundeausstellungen am Ende der Welt: 6.000 €

- Campingfahrzeug mit Platz für mindestens vier Hunde, damit das Reisen endlich billiger wird: 18.000 €

Endsumme: 240.445 €

Die vorliegende Aufstellung beruft sich auf Erfahrungswerte. Der Preis für einen Collie ist nach oben unbegrenzt. Diese Hunderasse ist somit den Privilegierten vorbehalten.

Denken Sie daran, wenn Ihnen auf dem nächsten Spaziergang ein mit Dreck bespritzter Mensch in Gummistiefeln und sechs Collies (ohne Leine) im Schlepptau begegnet - es handelt sich nicht um einen Asozialen, sondern mindestens um den Filialleiter der örtlichen Sparkasse.

Der wird Sie beim Gespräch unter vier Augen, lächelnd über die Auszüge Ihres gesperrten Girokontos gebeugt, fragen: *„Ja wussten Sie denn nicht was so ein Collie kostet?"*

Anm.: Die Aufstellung der Kosten stammt aus dem Internet- Autor unbekannt

Welpentouristen

-Hallo! Wir haben Ihre wunderschönen Hunde im Internet entdeckt. Wir würden Sie gerne einmal besuchen kommen und uns die Hunde persönlich anschauen. Sie haben doch auch gerade Welpen, oder? Können wir unsere Kinder mitbringen? Am Besten nächstes Wochenende, wir fahren ja ca. 350 km, da brauchen wir ja viel Zeit für den Besuch...

Ich fühle mich zwar etwas überrumpelt, vereinbare aber trotzdem einen Termin mit Familie Wittkowski. Zufällig erwähne ich bei einem Telefonat mit einer Züchterkollegin am nächsten Tag den Anruf und den Termin mit Familie Wittkowski.

-Wittkowski? Aus Frankfurt? Bist Du sicher? Mit drei kleinen Jungs zwischen drei und sieben Jahren? Etwa die?

Ich bin etwas verwirrt, dass die Familie offensichtlich bekannt ist. Die Kollegin berichtet weiter:

-Die waren doch schon bei jedem Colliezüchter innerhalb der letzten 6 Monate. Bei mir waren sie erst vor 14 Tagen ...

Nun lasse ich mich nicht gerne veräppeln und rufe Frau Wittkowski zurück. Ob Sie sich wirklich für einen Welpen interessieren würden oder nur schauen wollten. Wenn kein Interesse an einem der konkret zu vermittelnden Welpen von vorne herein bestünde, könne man den Termin ja um 4-6 Wochen nach hinten in die „welpenlose Zeit" verschieben, da ernsthafte Interessenten an einem Welpen natürlich bei den zu vergebenden Wochenendterminen Vorrang hätten.

-NATÜRLICH interessieren wir uns für einen Welpen Frau Noelle! Wir sind schon länger auf der Suche nach einem passenden Hund!

Aha, ich lasse die Sache also erstmal auf mich zukommen. Der Samstag naht und damit der Termin mit den Wittkowskis. Mit einer Stunde Verspätung biegt ein bunt bemalter Multivan auf unsere Auffahrt und mit wildem Geschrei springen drei schokoladenverschmierte Jungs aus dem Auto und beginnen eine wilde Verfolgungsjagd in Richtung unseres Gartens. Das wilde Gebrüll verhallt gerade um die Hausecke, als sich Vater Wittkowski gemächlich aus dem Sitz schält und aussteigt. Er klopft sich die Kekskrümel von der Hose und zerrt an seinem lichten Haarwuchs um einen frisch gekauten Kaugummi mit – der Farbe nach zu urteilen – Apfelgeschmack zu entfernen und sucht im Fahrerraum nach seinen Sandalen. Mutter Wittkowski hat endlich den Kampf gegen den Sicherheitsgurt gewonnen und springt beschwingt aus dem Auto und eilt auf mich zu. Ihr Sommerkleidchen mit selbst entworfenen Batikmustern weht ebenso beschwingt um sie herum. Sie begrüßt mich überschwänglich und fängt unentwegt an zu schwärmen über die Fahrt hierher, die Schönheit der Lüneburger Heide, usw. Trotz ihres Geplappers macht sich plötzlich Unruhe in mir breit, denn es fehlt etwas: Das Geheul der kleinen Wittkowski-Wölfe war spontan verstummt. Stattdessen erklingt lautes Welpengekläffe... Ich hetze mit Mutter Wittkowski im Schlepptau um die Hausecke herum in Richtung Welpenauslauf. Zwei der Wölfe haben den Zaun des Auslaufes erklommen und machen wilde Jagd auf meine sichtlich erschrockenen und verwirrten Welpen. Ich bringe meine nicht unerhebliche Körpermasse noch schneller in Schwung und erstürme ebenfalls den Zaun. Dieser Anblick muss entweder so faszinierend oder so abschreckend sein, dass die Wölfe augenblicklich inne halten und erstarren. Ich zische ein ziemlich konkretes „RAUS!!" in ihre Richtung, was auch prompt befolgt wird.

Mutter Wittkowski tänzelt federleicht heran und ist ja soo begeistert über die Tierliebe ihrer Kinder, einfach unfassbar. Ob sie nicht ein paar Fotos machen können für das Familienalbum, so richtig schön mit Welpen auf dem Arm und so. Vater Wittkowski hat seinen Auftritt und präsentiert stolz seine neu erworbene Kleinbildkamera. Ich versuche mit all meiner verbliebenen Höflichkeit darauf hinzuweisen, dass die Welpen gerade gefressen hätten und somit ihre Ruhephasen bräuchten. Bilder von außerhalb des Auslaufes könnten sie natürlich gerne machen. Die Wölfe machen sich unterdessen an die Neugestaltung meiner Blumenbeete. Meine Colliehündinnen sind über so viel Buddelei in den ihnen verbotenen Beeten entsetzt und bellen protestierend aus sicherem Abstand zu den Kindern laut herum. Mein innerer Instinkt schreit Alarm und lässt mich spontan zu dem Entschluss kommen, Familie Wittkowski nicht IN unser Haus zu lassen, sondern nur auf die Terrasse DAVOR...

Um die Situation zu entschärfen biete ich dem Besuch Kuchen und kalte Getränke an. Ich schicke meinen Mann auf die Terrasse um Stühle zu holen und ein wachsames Auge auf Familie Wittkowski zu werfen. In aller Eile verfrachte ich Apfelsaft, Mineralwasser und ein halbes Backblech selbst gebackenen Butterkuchen auf ein Tablett und stürme wieder auf die Terrasse. Dort bietet sich mir ein Bild des Friedens: Mutter und Vater Wittkowski hängen mit ihren Oberkörpern über dem Welpenzaun und lassen Laute wie „dutzi-dutzi, ei was bist Du für ein kleiner Wau-Wau.." erklingen, mein Mann deckt den Kaffeetisch, der jüngste Wolf kaut gedankenverloren auf meiner Vogeltränke herum, die beiden ältesten Wölfe schauen mich mit Unschuldsblick aus ihren Stühlen an und im Hintergrund der Szenerie hoppeln diverse niedliche Kaninchen über unsere Beete..... KANINCHEN??? ETWA MEINE??? Ich stürze davon in Richtung unseres großen Holzhauses am Rande des Gartens, wo meine Rassekaninchen untergebracht sind. Ich sollte nun besser sagen: waren. Die Hälfte der Stalltüren sind weit aufgerissen und die Bewohner hoppeln teils im Holzhaus, teils im Freien in unserem Garten herum. Ich bin kurz davor, einen echten Blutrausch zu kriegen...

Ich mache unmissverständlich deutlich, dass ich kein Fan von nicht abgesprochener Auswilderung von wertvollen Zuchttieren bin und verdonnere die Wittkowski-Eltern dazu, mir beim Einfangen behilflich zu sein. Die halten das für ein echtes „Erlebnis auf dem Lande", was von Vater Wittkowski auch fortwährend mit der Kamera dokumentiert wird.

Nach einer halben Stunde bin ich fix und fertig, aber alle Kaninchen sind wieder in ihren Ställen untergebracht. Das Holzhaus schließe ich vorsichtshalber ab und lasse den Schlüssel in meinem BH verschwinden – man kann ja nie wissen...

Nun verlangen die Wölfe nach Nahrung und ich bin nach der Jagd auch nicht abgeneigt, etwas Kühles zu trinken. Die Kinder bekommen den Butterkuchen serviert und fangen an rumzunörgeln. Der Schokoladenkuchen bei der Züchterin in Düsseldorf hätte aber viel besser geschmeckt. Der nächste Wolf erwähnt stattdessen das tolle Grillfest bei der Züchterin in Hamburg. Vater Wittkowski fand das Bier in Herne auch besser als den inzwischen lauwarmen Apfelsaft. Nur Mutter Wittkowski stirbt für meinen Butterkuchen und fragt ganz direkt, ob sie davon noch ein wenig mit nach Hause nehmen könne, schließlich hätten sie für den Sonntagnachmittag noch keinen

Kuchen und ich hätte ja eh genug. Sie packt eine nicht unerheblich große Tupperdose aus ihrer Tasche und reicht sie mir mit einem gewinnenden Lächeln. Ich beiße die Zähne zusammen und packe den verbliebenen Kuchen in die Dose, in der Hoffnung, den endlich nahenden Abschied vorantreiben zu können. Mein Mann packt demonstrativ das Kaffeegeschirr zusammen und verrammelt von innen die Terrassentür. So plötzlich „vor die Tür" gesetzt bemerken jetzt auch die Wittkowskis, dass es Zeit ist, zu gehen. Ich begleite die Familie noch zu ihrem Auto, allerdings nur um sicher zu gehen, dass sie auch keines der Wolfsjungen „aus Versehen" vergessen. Die Kinder weigern sich natürlich auch prompt in das Auto zu steigen. Wilde Diskussionen über die einzunehmende Sitzordnung der Kinder entbrennen. Ich verkünde darauf hin, dass ihre Eltern ja direkt zum nächsten McDonald's mit ihnen fahren wollen, aber wenn sie nicht ins Auto steigen würden, müssten sie leider hier bleiben und sechs Wochen Butterkuchen essen. Innerhalb von Sekunden sitzen die Wölfe im Wagen und Vater Wittkowski verabschiedet sich mit einem säuerlichen Lächeln und der Frage, wo denn hier der nächste McDonald's wäre... Ich sehe mit Genugtuung den Multivan von unserer Auffahrt herunterfahren und winke ihnen mit einem zuckersüßen Lächeln hinterher.

Eine Woche später erhalte ich von einer Colliezüchterin in Bayern eine Rundmail an alle Colliezüchter, die vor dem Besuch der „Wittkowski-Sippe" eindringlich warnt. Jüngst hörte ich auf einer Ausstellung, dass die Wittkowskis inzwischen die Dackelzüchter abgrasen. Ich hoffe für alle Dackelzüchter, dass sie so hart im Nehmen sind wie ihre Hunde...

Die romantische Hausfrau mit Realitätsverlust

Gemeint sind Frauen um die 50 Jahre, nicht berufstätig, deren Kinder (fast) erwachsen sind, die Ehemänner beruflich stark eingespannt und nicht mehr so gesprächig. Diesen Frauen wird plötzlich klar, dass Ihnen der rechte Sinn im Leben fehlt. Sie suchen nach einer neuen Aufgabe, die sie fordert, sozusagen nach dem Prickeln im täglichen Einerlei des Daseins. Meistens ist schon ein ältlicher Familienhund vorhanden, der allerdings ebenfalls schon an Dynamik und Motivation vermissen lässt. Frau sucht also nach einem passenden Pendant für ihre plötzlich frei werdenden überschäumenden Energien und beginnt sich für einen Zweithund zu interessieren. Das soll nun nicht so ein null-acht-fünfzehn-Hund sein, sondern ein Hund, der Aufmerksamkeit erregt, man will ja auch neue soziale Kontakte knüpfen...

Über kurz oder lang wird eine Hundefachzeitschrift gekauft und nach dem passenden Welpen Ausschau gehalten. Der Welpe mit dem süßesten Augenaufschlag gewinnt das Rennen und der Züchter dieses Hundes wird telefonisch kontaktiert. Meistens vormittags zwischen den Sendeterminen zweier Soap-Sendungen.

Montag, 10.45 Uhr:

- Ja Hallo guten Tag, Richter mein Name. Ich rufe wegen dem süßen Welpen in der Zeitschrift an. Bin ich da bei Ihnen richtig?

Bei mir stellen sich die ersten Nackenhaare angesichts der Bezeichnung „süßer Welpe" auf, ich antworte aber höflich und frage, ob sie auf der Suche nach einem neuen Familienmitglied ist.

- Ja, ähm, naja noch nicht so richtig. Ich wollte mich erstmal informieren.

Wir haben schon einen Hund und ich wollte nun noch einen zweiten dazu...

Was nun folgt ist eine lange Geschichte über Herkunft, Aussehen und Werdegang des ersten bereits vorhandenen Hundes. Diese Schilderung dauert erfahrungsgemäß zwischen *10* und *25* Minuten und endet mit der Frage:

-Kann man denn da einen Collie zu tun?

In der Regel kann man. Ich gebe ausführlich Infos über den Charakter des Collies und seine Eignung als Zweithund. Auf meine Frage hin, was sie denn genau mit dem Hund vorhabe, welche Anforderungen er erfüllen soll, Sporthund z.B., kommt ein schwaches:

-Nein, nur so. Was haben Sie denn noch für Welpen?

Ich gebe Auskunft über Farben und Geschlechter der noch zu vermittelnden Welpen und biete an, Bilder per E-Mail zu verschicken. Mit Glück kennt die Dame die Mailadresse ihres Mannes und die Daten werden ausgetauscht.

Dann kommt die Gretchenfrage, lang erwartet und nun zaghaft gestellt:

- Was kostet denn so ein Welpe?

Ich nenne den Preis, und wie er sich zusammensetzt, erwähne die ausführlichen Gesundheitschecks von Zuchttieren und Welpen unserer Gütesiegelzucht, etc. Mit *1000* %er Sicherheit kommt dann die Bemerkung:

-Na gut, da muss ich erstmal mit meinem Mann sprechen ich melde mich dann, wenn ich die Bilder habe.

Nach gut zwei Stunden ist das Telefonat vorerst beendet. Die Bilder werden von mir verschickt, keine zehn Minuten später klingelt das Telefon wieder:

-Hach herrje ist der süüß!! Also ich bin ja ganz begeistert! Wann können wir denn mal vorbei kommen? Mein Mann wird sich freuen, der kommt heute Abend von der Arbeit, ich werde dann gleich mit ihm sprechen.

Es kann bereits sein, dass dies das letzte Mal war, dass ich von der Interessentin gehört habe, meistens verläuft es jedoch weiter wie folgt: Der ahnungslose und gestresste Ehemann kommt abends von der Arbeit nach Hause und wird von einer enthusiastischen Ehefrau empfangen, die von nichts anderem als von einem neuen Hund schwärmt. Trotz intensiven Nachdenkens kann sich der Ehemann beim besten Willen nicht daran erinnern, jemals mit seiner Frau über die Anschaffung eines zweiten Hundes gesprochen zu haben. Statt dem Abendbrot bekommt er Bilder von dem geplanten (und von ihm nicht genehmigten) neuen Familienmitglied präsentiert. Um seine Frau nicht zu verärgern (dann gibt es mit Sicherheit kein Abendbrot mehr an diesem Tag) und in der Hoffnung, dass diese Hundelaune ebenso schnell verfliegt, wie sie gekommen ist, stimmt der genervte Ehemann einem Besuch bei dem Züchter zu – im günstigsten Falle. Mit Glück hat seine Frau bis zum Termin am Wochenende das Interesse bereits wieder verloren...

<u>Montagabend, 20.45 Uhr:</u>

-Ja hier Richter noch mal. Also mein Mann ist ja auch sooo begeistert von dem Welpen, ich möchte jetzt gleich einen Termin am kommenden Wochenende mit Ihnen absprechen...

Der Termin rückt näher, alle Freundinnen seiner Frau sind informiert und haben bereits Willkommens-Leckerchen für den Welpen gebacken. Dem Ehemann wird klar, dass er JETZT etwas tun muss, um zu verhindern, dass über kurz oder lang ein kleiner pinkelnder Welpe durch sein Haus läuft, der von dem Geld seines geplanten Wochenend-Trips des Skat-Clubs nach Malle gekauft wurde.

Er zieht also die Notbremse und fragt erstmalig nach dem Preis des Welpens. Er hört ihn und schnappt tief nach Luft. So viel Geld für einen Haufen Fell? Sein Widerstand wird massiver. Wichtige Termine seinerseits verhindern LEIDER den geplanten Besuch beim Züchter.

Die ehrlich enttäuschte Ehefrau ruft mich an und verschiebt den Termin um eine Woche. Dann kommen sie aber alle – bestimmt! Ich soll den Welpen ja nicht anderweitig anbieten, sie will den kleinen Scheißer ja so UNBEDINGT haben.

Kurz vor dem erneuten Termin die von mir bereits erwartete Absage:

Ja hier Richter. Also wir können am Wochenende nun doch nicht kommen. Also der Welpe ist ja wirklich einmalig hübsch und so, aber mit all den Untersuchungen und Zertifikaten ist er ja eigentlich viel zu gut für uns. Mein Mann meint auch, dass wir mit zwei Hunden dann nicht mehr in Urlaub fahren können. Und da er mich gerade jetzt für 14 Tage in die Toscana eingeladen hat – wir haben nämlich 23-jährigen Hochzeitstag müssen Sie wissen – ja also da können wir den Welpen dann ja auch gar nicht mitnehmen. Mein Mann muss zwar vorher noch zu einem wichtigen Geschäftstermin nach Mallorca, aber gleich danach fahren wir dann zusammen weg. Das haben wir schon seit 12 Jahren nicht mehr gemacht, das hat mein Mann ganz spontan heute so entschieden. Naja und die Willkommenskekse haben unserem alten Hund auch ganz toll geschmeckt. Wenn Sie möchten, kann ich Ihnen gerne das Rezept dafür geben...

Sie hat dann noch von ihrem Mann einen Volkshochschulkurs für Yoga-Anfänger spendiert bekommen, da war sie dann erstmal ausreichend motiviert und beschäftigt...

Der kastrierte Mann

Es gibt Dinge im Leben eines Mannes, die sind ihm absolut heilig. Ich meine da nicht sein Auto, Fußball oder seine elektrische Eisenbahn. Über diese speziellen Dinge spricht – *Mann* – nicht, darüber denkt – *Mann* – noch nicht einmal nach. – *Mann* – hat sie und gut. Die Vorstellung, sie zu verlieren ist zu grausam, überaus intim, völlig abstoßend und offensichtlich Angst einflößend. Gemeint sind die Hoden des Mannes und die Amputation derselbigen – auch Kastration genannt. Nun kommt es sehr selten vor, dass einen Mann das Schicksal der Kastration ereilt, bei Hunden indes ist es häufiger anzutreffen. Das macht für den betroffenen Rüdenbesitzer aber keinen Unterschied, er projiziert dieses persönliche Unglück total auf sich und leidet dementsprechend mit bzw. tut sich extrem schwer in der Entscheidungsfindung ob, oder ob nicht kastriert werden soll. Nun wird ein Rüde in der Regel nicht ohne Grund kastriert, oft zeigt der Hund ein zu starkes sexuelles Triebverhalten, was unerlaubte Ausflüge und Techtelmechtel mit benachbarten Hündinnen zu Folge hat. Durch eine Kastration kann dieses Verhalten eingedämmt und reguliert werden. Hier hat ein Mann gegenüber seinem Hund noch einen eindeutigen Vorteil – *sein* gesteigerter Drang zur willigen Nachbarin kann bisher nicht so einfach unter Kontrolle gebracht werden...

Nicht immer ist ein unerwünschtes Verhalten der Grund für eine Kastration, oft spielen auch medizinische Gründe eine Rolle. Ein Beispiel ist der unvollständige Hodenabstieg. Es kann mitunter vorkommen, dass bei einem Jungrüden die Hoden nach Lust und Laune zwischen Bauchhöhle und Hodensäckchen herumturnen, mal auf, mal nieder sozusagen. Dieses Spielchen klappt so lange, bis die Hoden eine Größe erreicht haben, bei der sie nicht mehr durch den Leistenring passen und dann dort festsitzen, wo sie gerade sind. Normalerweise sollte das der Hodensack sein. Es gibt aber auch Fälle, bei denen ein oder beide Hoden in der Bauchhöhle verbleiben. Das ist nicht so schön, weil es dort häufig zur Tumorbildung kommt, weshalb hier vorsorglich eine Kastration der hochgezogenen Hoden in der Bauchhöhle von Nöten ist. Bis dahin ist es jedoch ein langer schmerzvoller Weg für den Rüdenbesitzer, gespickt mit Hoffnung und dem täglichen bangen Blick auf das Gemächt seines Hundekumpels, ob sich nicht doch endlich beide Hoden hübsch nebeneinander verpackt an richtiger Stelle einfinden...

Herr von Hopffgarten war ein distinguierter Herr in den späten Fünfzigern und seit Kurzem stolzer Besitzer eines Kurzhaarcollierüdens. Als alleinstehender, frühpensionierter Beamter hatte er jede Menge Freizeit, die er fortan in innigster Verbundenheit mit seinem Hund verbrachte. Das Schicksal wollte es, dass sein Rüde MACHO zu den wenigen auserwählten Rüden gehörte, bei denen es zu diesem unvollständigen Hodenabstieg kam. Ich traf Herrn von Hopffgarten und seinen Hund das erste Mal bei einem Spaziergang. Er sprach mich vorsichtig von der Seite an, offensichtlich ein wenig peinlich berührt, das Thema anschneiden zu müssen:

- *Hallo Frau Noelle, haben Sie einen kurzen Moment für mich Zeit? Ich brauche da mal bitte einen Ratschlag von Ihnen.*

Er zog mich ein wenig abseits von der Gruppe und ich war schon recht gespannt, was nun kommen könnte.

- *Frau Noelle schauen Sie sich doch mal meinen Macho an. Fällt Ihnen nichts auf?*

Ich ging ein wenig auf Abstand und suchte den Hund ab. Nichts.

- Nein Herr von Hopffgarten. Wo denn?
- *So hinten rum...*

Ich betrachtete Macho von hinten und nun fiel auch mir auf, dass Macho nur „auf einem Zylinder lief".

- Oh, er hat nur einen Hoden. War der Zweite zwischendurch mal da?
- *Äh weiß ich nicht genau, ich habe mich mit der Thematik bisher noch nicht so befasst. Es ist mir erst kürzlich aufgefallen. Was kann man denn da machen?*
- Tja, also bis er 6-8 Monate ist, können sie ihm noch Zeit geben, wenn der Hoden dann nicht herunter ist, dann wird das meiner Erfahrung nach auch nichts mehr. Dann müssen die Klicker ab.
- *Wie? KLICKER AB? Was meinen Sie damit?*
- Kastration!

Er zuckte schmerzlich zusammen und starrte mich mit verzerrten Gesichtszügen an. Seine Händen legten sich unbewusst schützend über seine Männlichkeit und er sah aus, als ob er Zahnschmerzen hätte – schlimme Zahnschmerzen...

- *Frau Noelle! Das hätte ich von Ihnen nicht gedacht. Sie sind ja EISKALT!*
- Äh, wie bitte???
- *Wie können Sie so herzlos über seine, ... seine... - Sexualorgane reden! Die braucht er doch!*
- Wofür? Sie wollten doch nicht mit ihm züchten, oder?

- *Nein, aber man braucht doch seine komplette Ausstattung, auch wenn man sie nicht laufend aktiv einsetzt, also Sie wissen schon was ich meine...*

Er kam langsam ins Schwitzen und ich war geneigt, Parallelen zwischen ihm und seinem Hund zu ziehen. Ich betrachtete ihn mit zusammen gekniffenen Augen wie ein seltenes Insekt und mir wurde die ganze Tragweite seines Problems, das große persönliche Dilemma des Herrn von Hopffgarten bewusst. Der arme Mann war offensichtlich ebenfalls ohne „aktiven Einsatz" zur Zeit...

- Keine Sorge Herr von Hopffgarten, die wird Macho gar nicht vermissen. Ehrlich!
- *Aber was sollen denn die anderen Hunde von ihm denken und die Leute? Ich meine, so eine Kastration verändert ihn doch auch. Man wird es ja nicht nur SEHEN können, sondern auch HÖREN!*
- Hören??
- *Ja er wird dann doch nicht seine dunkle Stimme behalten, die wird dann doch wieder höher, und das hört man dann doch! Alle! JEDER wird Bescheid wissen! Und dann sein Name!! Wie kann er dann noch weiter MACHO heißen so ohne ..., ohne alles, das wirkt doch total lächerlich!!!*

Der arme Mann war einem nervlichen Zusammenbruch mehr als nahe und ich versuchte ihn zu beruhigen.

- Nein die Stimme bleibt unverändert, keine Sorge! Er wird auch weiterhin schön tief und klangvoll bellen.
- *Aber man sieht doch gleich, dass ihm dann etwas Bedeutendes fehlt – so hinten rum, Sie wissen was ich meine...*

- Nun warten Sie doch erst einmal ab, ob sich in den nächsten Wochen noch was tut. Manchmal klappt es ja doch noch...

Herr von Hopffgarten sah mich hoffnungsvoll an und richtete sich wieder zur vollen Körpergröße auf.

- *Sie haben Recht Frau Noelle! Man darf die Hoffnung nie aufgeben, nicht wahr Macho?*

Er spazierte davon, voll wieder gewonnenem Lebensmut und ich wünschte ihm so sehr, dass seinem Hund und ihm die Kastration erspart bliebe.

Ich sah ihn erst ein gutes halbes Jahr später wieder. Macho war zu einem großen und kraftvollen Rüden herangewachsen. Ein kurzer Blick von hinten beantwortete meine Frage ob, oder ob nicht. Zwei offensichtlich komplett entwickelte Hoden saßen genau dort, wo sie hingehörten. Na Gott sei Dank... Herr von Hopffgarten setzte sich während der Mittagsrast in einem von Seniorenwandergruppen voll besetzten Restaurant direkt neben mich und kam gleich zum Thema:

- *Hallo Frau Noelle, wie gefällt Ihnen denn der Macho?*
- Ja er hat sich toll entwickelt, herzlichen Glückwunsch! Sie haben ihn dann doch nicht kastrieren müssen?
- *Leider doch.*
- Wie doch? Aber er hat doch noch beide Hoden!?
- *Ja, wunderschöne Arbeit, nicht wahr?*

Das Gedränge und der Lärm um uns herum wurden größer, eine weitere Wandergruppe traf ein. Ich glaubte, mich verhört zu haben und fragte nach:

- Was für eine Arbeit denn? Die Hoden sind doch noch da!

Ich brüllte ihm ins Ohr, damit er mich überhaupt verstehen konnte.

- *Kunsteier!*
- WAS??
- *KUNSTEIER! Mein Hund hat Hoden aus Silikon! Extra Soft! Wollen Sie mal fühlen?*

Augenblicklich verstummten alle Gespräche um uns herum. Nur noch das Klappern des Geschirrs war zu vernehmen, alle Senioren um uns herum starrten uns empört und fassungslos an...

- Oh nein danke für das Angebot, ich bin sicher, ich weiß wie sich das anfühlen muss...

Er griff seinem Hund beherzt in den Schritt und knetete an den Implantaten herum. Einige der Seniorinnen blickten pikiert zur Seite, andere waren nun erst richtig interessiert...

- *Fantastisch, Frau Noelle, es ist kein Unterschied zu spüren! Ich habe ihm gleich eine Nummer größer gekauft, damit es ein wenig prächtiger aussieht. Wer hat, der hat, das wissen Sie ja Frau Noelle!!*

Er blickte stolz in die Runde. Offensichtlich hatte er mit den XXL-Implantaten nicht nur die vermeintlichen Minderwertigkeitskomplexe seines Hundes mit aufgemöbelt, sondern auch sein eigenes Ego ein wenig aufpoliert. Dann senkte er die Stimme und flüsterte mir zu:

- *Wissen Sie Frau Noelle, die Schmerzen konnte ich ihm nicht ersparen, aber DIE SCHMACH, Frau Noelle, DIE SCHMACH!!*

Er strahlte mich an und mir wurde klar, dass ich die volle Bandbreite der männlichen Psyche bis dato offenbar grob unterschätzt hatte...

Sammler

Wenn man eine Rasse züchtet, die es in mehreren Farbvarianten gibt, dann gibt es auch immer wieder Menschen, die über kurz oder lang der Sammelleidenschaft verfallen nach dem Motto: Die Farbe hatte ich noch nie! Wenn man Zwergdackel hält, dann ist der Wunsch nach der gesamten Farbpalette der Rasse vielleicht auch realisierbar. Bei Collies sieht das schon anders aus...

-Guten Tag, mein Name ist Dr. Bergmann. Ich habe Ihr Inserat gelesen bezüglich der Colliewelpen. Sie haben WEIßE Collies? Das habe ich noch nie gesehen. Ist das denn eine anerkannte Farbe? Ich haben schon seit Jahren Collies, derzeit gerade drei Rüden in Sable, Tricolor und in Blue Merle, aber einen weißen Collie hatten wir noch nie...Gibt's die oft?

Ich kläre Herrn Bergmann über die Herkunft, den amerikanischen Standard und die Besonderheiten der Farbe Weiß bei europäischen Collies auf. Die Farbe ist sehr selten, knapp 75 weiße Collies gibt es derzeit in Europa.

- Ja Wahnsinn! Ein echtes Liebhaberstück sozusagen! Er lacht meckernd. *So ein Schatz ist doch sicher nicht ganz billig, oder?*

Er wird über den Preis informiert, über die Qualität und Untersuchungen der Welpen, etc.

-Also das muss ich mir ansehen. Ich kann aber nur an den Wochenenden kommen, sonst bin ich ziemlich ausgebucht. Passt es Ihnen am kommenden Samstag? Kann ich Begleitung mitbringen?

Ich habe nichts dagegen und bin gespannt, was für ein Mensch sich hinter Herrn Dr. Bergmann verbirgt. Die meisten Anrufe bekomme ich von Frauen, die letztendlich für die Collies schwärmen und sich auch später hauptsächlich um den Hund kümmern werden. Männer melden sich eher seltener.

Am Samstag beschließe ich noch kurz, den Rasen im Vorgarten zu mähen, als ein seltsames Gefährt um die Ecke biegt. Es sieht aus wie ein UFO aus der Star Wars Triologie, entpuppt sich aber als flottes BMW-Cabrio in Goldmetallic lackiert. Richtig Gold. Richtig glänzend. Ich wusste gar nicht, dass es Autos in der Farbe überhaupt gibt. Am Steuer ein Herr so Mitte fünfzig, mit Spiegelsonnenbrille (natürlich auch in Gold), weißem Seidenhemd, lässig bis zum üppigen Bäuchlein aufgeknöpft, so dass man seine spärlichen und bereits ergrauten Brusthaare bewundern kann- wenn man das will. Sein stark gelichtetes Haupthaar steht im krassen Gegensatz zu der üppigen knallroten Mähne seiner Begleiterin. Ein echtes Vollweib Marke Sophia Loren, nur eben in rothaarig. Sie zieht gerade ihre Lippen nach und versucht verzweifelt, die vom Fahrtwind leicht zerzausten Haare wieder in Reih und Glied zu bringen. Ich stehe da wie eine Kuh wenn's donnert und frage mich, was diese beiden Exoten wohl bei uns in unserem 300-Seelen-Dörfchen wollen können. Ich bekomme schnell eine Antwort, da das Ufo schnurstracks in unsere Einfahrt biegt. Das wird doch wohl nicht der Bergmann sein...? Er ist es. Er steigt aus seinem Ufo und eine Wolke von teurem Aftershave hüllt mich augenblicklich ein. Meine Augen beginnen zu tränen, aber ich bekomme wenigstens wieder meinen Mund zu und versuche einen halbwegs intelligenten Eindruck zu machen und mir nichts anmerken zu lassen.

-Frau Noelle? Richtig? Wunderbar! Ich bin Dr. Bergmann. Ich wollte mir mal Ihre weißen Collies ansehen. Schöne Gegend hier, wirklich,

nur ein bisschen sehr ländlich, finden Sie nicht? All diese Felder und Bäume, direkt ausgestorben hier. Und dann die Fliegen!! Aber naja, ich komme ja aus der Hauptstadt, das kann man wohl hiermit nicht vergleichen. Oder was meinst Du Püppi? Nun sag doch auch mal was!

Püppi Loreen entschwebt dem Cabrio und tippelt mit ihren High Heels unsicher auf uns zu. Ihr samtiges Minikleid in strahlendem Vanille zieht sie mühsam über die Oberschenkel glatt. Ich bedaure es, keine Kamera dabei zu haben, die Bilder wären in bestimmten Kreisen ein Vermögen wert gewesen...

-Ja, Herby, wenn Du das sagst...

Ich fasse es nicht. Wie im Roman oder einem schlechten Film. Volles Klischee, hammerhart. Ich werde misstrauisch und schau mich nach einem gut getarnten Filmteam von „Versteckte Kamera" um, kann aber keines entdecken. Stattdessen entdecke ich neugierige Gesichter in den Vorgärten meiner Nachbarn. Na super, das reicht jetzt für mindestens zehn Tage Gesprächsstoff... Ich beschließe, die beiden Paradiesvögel von meiner Auffahrt ins Haus zu locken und damit fremden Blicken wohlweislich zu entziehen.

Ich biete dem skurrilen Paar einen Kaffee an und versuche dabei nebenher meine besucherbegeisterte Hundemeute von dem Pärchen fernzuhalten. Ich male mir gerade die Kosten der Reinigung für das Wiederherstellen des ursprünglichen Zustandes von Seidenhemd, Armani-Hose und Vanille-Kleid aus und bin daher sehr konsequent mit meinen Hunden.

Herby will lieber einen Espresso, Püppi will lieber gar nichts. Nachdem Herby nun unsere erwachsenen weißen Hündinnen gesehen hat, wird er ungeduldig und will die Welpen sehen. Er bekommt seinen Willen und wirft einen Blick auf die kleinen Ungeheuer. Ich sehe es in seinem Blick glitzern und weiß sofort, was es bedeutet. Und richtig:

-*Keine Frage, so einen weißen Collie MUSS ich haben. Den dicken weißen Rüden da! Den will ich haben. Bitte hübsch in Geschenkpapier verpacken, ich nehme ihn gleich mit, hehe...*

Er lacht meckernd über seinen eigenen Witz, schlägt Püppi aufmunternd und klatschend aufs edle Gesäß und zückt seine Brieftasche. Ich mache ihm klar, dass es nicht alleine entscheidend ist, ob ER den Hund haben möchte, viel entscheidender ist, ob ICH ihm den Hund überhaupt verkaufen WILL. Er schaut mich irritiert an. Ich nehme das Paar wieder mit in mein Wohnzimmer und beginne meinen Welpenfragebogen mit ihm durchzuarbeiten. Ich frage in der Regel nach dem Beruf und den Arbeitszeiten des Interessenten, nach vorhandenen Kindern, Hunden oder anderen Haustieren sowie deren Alter. Ich will wissen, ob bereits Erfahrungen mit der Rasse Collie gemacht wurden, etc. Das Übliche eben.

Er ist Unternehmer, natürlich viel und unregelmäßig außer Haus, aber dafür gäbe es schließlich Personal, das ist ja klar. Das Personal kümmert sich auch um die Hunde, dafür hat er ja nun auch nicht noch Zeit übrig. Kinder ja, aber die leben bei seinen diversen geschiedenen Ex-Frauen bzw. studieren, die hätten in seiner Jugendstilvilla nun wirklich nichts mehr zu suchen...

Er kommt für mich schon längst nicht mehr als Käufer in Frage, aber eine Frage interessiert mich dann doch noch: Wie er denn bitteschön einen Welpen hier und heute transportieren will?

-Wieso? Dafür habe ich doch Püppi mitgenommen! Der Kleine kann doch auf ihrem Schoß sitzen. Der ist doch ein echter Mann, hehe. Dem wird Cabrio-Fahren auf dem heißesten Schoß der Welt schon gut gefallen, was Püppi?

Püppi wirft mir einen zerknirschten Blick zu. Ich weiß erst nicht, ob ich lachen oder weinen soll über so viel Schwachsinn und Verantwortungslosigkeit auf einem Haufen. Die Entscheidung wird mir jedoch abgenommen, da es plötzlich wild aus mir herauskichert. Dr. Herby Bergmann schaut mich abschätzend von oben bis unten an und versucht nun seinerseits meinen Geisteszustand einzuschätzen. Ich beende den Besuch sehr schnell und mache ihm klar, dass das, was er meinem Hund bieten kann, weit entfernt davon ist, was ich mir an Liebe, Zuneigung, persönlicher Bindung und Hundeverstand vorstelle.

Wie erwartet schnappt sich Herby sein Püppchen und rauscht davon. Im Vorbeigehen erhasche ich von Püppi noch ein schnell geflüstertes „Vergelt's Gott" in überraschend breitem bayrischem Dialekt. Nicht nur meinem Welpen habe ich offensichtlich heute einen Gefallen erwiesen...

Dr. Bergmann hat natürlich inzwischen seinen weißen Collie bekommen – allerdings nicht von mir.

Kleider machen keine Leute

Ich telefoniere gerade mit meiner Freundin Julia, als es anklopft. Nicht an meiner Türe, sondern an meinem Telefon. Dieses Telefon ist ein ganz hochmodernes Ding, dass sich mit leisem „tut-tut" in laufende Gespräche einklinkt. Ich bitte Julia kurz in der Leitung zu bleiben und nehme das Gespräch an.

- *Ja hallo Frau Nölke!! Hier ist Herr Tetzlaff?!! Wissen Sie noch? Wir haben einen Hund von Ihnen gekauft! Die Bonny!!*

Hmm, Tetzlaff, Bonny, das alles sagt mir nichts. Wer kann das sein?

- *Ja die Bonny ist ja inzwischen tot...*
- TOT???? Wie, tot !?!
- *Ja Silvester vor zwei Jahren ist das passiert. Die Bonny war ja erst acht Jahre alt.*

Ich rechne kurz nach, also dann hat er vor zehn Jahren einen Welpen bei mit gekauft? Das kann nicht sein!! (kurze Anmerkung: Zu dem Zeitpunkt des Telefonates war unser erster Wurf gerade acht Jahre alt) Erleichterung überkommt mich. Kein toter Hund aus unserer Zucht sondern nur eine Verwechslung...

- Herr Tetzlaff das muss sich um eine Verwechslung handeln. Sie haben keinen Hund von mir gekauft. Ich...
- *Doch!! Aber ganz sicher!! Frau Nölke!! Sie haben zwar damals noch woanders gewohnt, dass Sie jetzt sogar in unsere Nachbarschaft gezogen sind, habe ich gar nicht gewusst. Da hätte ich Sie doch schon längst mal besucht!!*
- Lieber Herr Tetzlaff! Es tut mir leid um den Verlust Ihres Hundes, aber Sie ha...

- *Naja die Bonny ist ja jetzt schon zwei Jahre tot. Das haben wir schon verwunden. An meine Frau müssen Sie sich doch noch erinnern! So eine Schlanke mit blonden langen Haaren wie die Sängerin von Abba! Ich bin doch der Steuerberater! Jetzt erinnern Sie sich sicher wieder an uns, nicht wahr? Ich habe Ihnen doch gleich gesagt, dass wir von Ihnen einen Hund gekauft haben!*

Seine Aufregung und sichere Überzeugung wetteifern mit dem Triumphgefühl, meiner Erinnerung vermeintlich auf die Sprünge geholfen zu haben. Ich gebe auf. Des Menschen Wille ist sein Himmelreich und ich will ihm seines nicht länger verwehren...

- Also gut Herr Tetzlaff. Sie haben also einen Hund bei mir gekauft. Was kann ich denn nun für Sie tun? Weshalb rufen Sie mich denn an?
- *Ja ich wollte mich bei Ihnen erkundigen, ob Sie noch Collies züchten. Haben Sie denn auch wieder Welpen irgendwann?*
- Jaaaa, schooon... Aber wir züchten Amerikanische Collies. Kennen Sie den Unterschied zu den britischen Collies?
- *Nö. Aber das sind doch trotzdem Collies, oder?*
- Ja aber sie sehen ein wenig anders aus und sind auch charakterlich in der Regel selbstbewusster. Tja und es gibt sie in acht Farben statt in drei.
- *Ich möchte wieder einen Hund der so aussieht wie Lassie.*
- Lassie... Aha...
- *Ja so braun mit weißen Flecken.*
- Also Herr Tetzlaff am Besten Sie kommen hier bei mir persönlich vorbei und wir lernen uns kennen.
- *Aber wir kennen uns doch schon!*

Oh mein Gott wie soll ich jetzt aus dieser Nummer wieder raus kommen...? Er denkt immer noch, wir kennen uns...

- Ich möchte aber mit Ihnen über Ihre aktuelle Arbeits- und Wohnsituation sprechen, was Sie bereits über Hundehaltung wissen und Ihre generelle Einstellung dazu interessiert mich natürlich. Außerdem möchten Sie doch bestimmt meine jetzigen Hunde kennen lernen, oder?
- *Ja sicher! Sehr guter Vorschlag! Passt Ihnen der kommende Montag? Ihre neue Adresse habe ich schon aus dem Internet.*
- Ja Herr Tetzlaff, Montag am Nachmittag passt. Aber ich heiße immer noch NOELLE nicht Nölke!
- *Haha, Frau Nölke, aber sicher!! Immer für einen Scherz zu haben, die Frau Nölke, köstlich!! Wir sehen uns am Montag!!*

Sein amüsiertes Lachen hallt durch das Telefon, dann klickt es. Ich starre fassungslos den Hörer an und höre dann plötzlich Julias verstörtes Rufen:

- *Stephie, Stephie bist Du noch dran?*
- Julia Du glaubst nicht, was mir gerade passiert ist...

Der Montag ist da und ich bin doch nun schon ein wenig gespannt auf den Herrn Steuerberater Tetzlaff samt Ehefrau „Agneta" Tetzlaff. Pünktlich um **15.00** Uhr fährt ein kleiner knallroter Toyota Corolla auf unsere Auffahrt. Mit Schwung und Elan hüpft ein untersetzter Mann Mitte fünfzig, Typ Thai-Tourist aus dem Auto und strahlt mich aus dicken Brillengläsern an. Sein schütteres Haar wohl frisiert, trägt er eine Art buntes Hawaiihemd über beigefarbenen Shorts, deren Gürtel eine gute Handbreit über dem Bauchnabel sitzt. Komplettiert wird seine Aufmachung durch weiße Tennissocken, die in hellbraunen offenen Sandalen stecken. Der Mann hat Mut! Er blinzelt mich an, offensichtlich leicht verwirrt:

- Hallo! Sie sind nicht Frau Nölke!

Ach nein – wirklich?! Mit soviel Einsicht habe ich nun nicht mehr gerechnet.

- Hallo Herr Tetzlaff! Ja richtig! Ich war schon immer die Frau NOELLE!
- Na auch gut, kein Problem!

Das Strahlen seiner Äuglein kehrt zurück.

- Geli!! Geli!!! Das ist gar nicht Frau Nölke! Aber sie ist auch ganz nett! Geli wo bleibst Du denn!!!

Geli erhebt sich langsam und elegant aus dem Corolla und mir stockt der Atem. Eine elegante naturblonde Erscheinung, komplett in mondänem Schwarz gekleidet. Feine Gesichtszüge, schlanke Figur und lange, offen getragene Haare. Wie kommt dieser Mann zu so einer bildhübschen Frau? Die Antwort lässt nicht lange auf sich warten...

- Gehen wir etwa in den Garten?? Oh mein Gott! Dann muss ich nochmal ins Auto, ich brauche unbedingt meine Sonnenbrille!!
- Och nöö, Geli!! Muss das jetzt sein?
- Ja Heiner, das muss sein! Du weißt doch ganz genau, dass ich meine Brille brauche bei meiner hellen Haut! Und von dem Licht bekomme ich sofort Migräne! Und Du weißt, wenn ich erst meine Migräne bekomme, dann...
- Aber Geli! Du hast doch erst heute Morgen Deine Migräne gehabt! Wie oft kann denn ein Mensch Migräne am Tag

bekommen?!

- Heiner! Du hast überhaupt keine Ahnung!!

Was nun folgt ist ein mittelschwerer Ehekrach, der sich aber im Laufe unserer Bekanntschaft als normale zwischeneheliche Kommunikation entpuppt – bei Tetzlaffs ist das „normal" und üblich. Keine Frage, die beiden haben sich gesucht und gefunden.

Trotz der sonderbaren Umstände, unter denen wir uns kennen gelernt haben, sind Geli und Heiner heute zu guten Freunden geworden, auf die man sich immer verlassen kann. Beide haben inzwischen drei Colliehündinnen von uns bekommen, die sie abgöttisch lieben. Sie sind absolut collieverrückt und ihre Hunde kommen immer an erster Stelle. Heiner ist im Umgang mit seinen Hunden sehr gewissenhaft und ihm ist kein Opfer zu hoch, um das Wohlergehen seiner Hunde zu garantieren. Besucht man Heiner und Geli, dann hat man den Eindruck, hier wohnen drei Colliedamen mit ihren Besitzern, und nicht umgekehrt. Verschiedene Hundebetten türmen sich in den Zimmern, jede Art und Form von Spielzeugen, Knabberknochen und Plüschtieren kann man im Hause Tetzlaff finden. Riesige Bildergalerien mit Studioaufnahmen von den Hunden schmücken die Wände und inzwischen auch das Heck des speziell für die Hunde angeschafften größeren Autos. Der gesamte Gartenbereich wurde hundegerecht umgestaltet, ebenso wurden diverse Umbaumaßnahmen im Hause zu Gunsten der optimalen Hundebequemlichkeit getätigt. Geli ist eine sehr liebevolle Hundebesitzerin und böse Zungen munkeln, dass sie mehr Zeit mit ihren Hunden kuschelnd im Bett verbringt, als mit dem eigenen Ehemann. Hunde erzieht man mit Liebe und Konsequenz – Geli ist für die Liebe zuständig und Heiner für die Konsequenz – mehr oder weniger... Wir verbringen relativ viel Zeit zusammen mit Hundespaziergängen und auch auf diversen anderen Clubveranstaltungen. Ihre Gesellschaft erinnert oft an Slapstick-Comedy und hat ungewollt schon so manche Gesprächsrunde aufgepeppt. (Zitat Geli: „Ich wollte heute Wäsche waschen, aber es ging nicht. Heiner hat mich mal wieder wahnsinnig gemacht. Er hat die Bedienungsanleitung der Waschmaschine gefunden und leider gelesen. Stell Dir vor, Du willst wie immer seit 25 Jahren die Wäsche machen, aber da tanzt dann ein Rentner um Dich herum und will Dir die Waschmaschine erklären!") Heiner und Geli sind das beste Beispiel dafür, dass es sich lohnt, auch über den ersten Eindruck hinweg – der in diesem Falle wirklich recht sonderbar ausfiel – einen zweiten Blick zu riskieren. Man kann nie wissen, was einen erwartet, Überraschungen sind garantiert!

E-Mail for you!

Im Laufe der Zeit habe ich viele E-Mails und Anfragen erhalten, es waren nette, lustige, informative, nicht so nette und auch einige Mails darunter, die unter die Rubrik „unfassbar" fallen. Stellvertretend für diese spezielle Rubrik möchte ich dem geneigten Leser folgende Korrespondenz nicht vorenthalten:

Erste Anfrage über das Kontaktformular des Clubs für Amerikanische Collies:

betreff: Welpen Intressent

kommentar: interessiere mich für weisse bzw.
weiss/schwarze (mit weiss-gen)
nicht verwandte collies (je 1m + 1w), gern
nächstes od. übernächstes jahr auf jeden fall
frühlings oder sommerwurf.
wir sind ne langjährige colliefamilie und möchten
nicht sofort sondern erst
nach dem natürl. tode unseres charlies nen neuen
collie, ev. auch zucht..
gibts jemanden mit rat und tat im raum berlin,
der auch mal dumme fragen für zuchtanfänger
beantwortet ?
was kostet nen welpe den z.Z. eigentlich so ?
danke gerhard

Daraufhin meine Antwort als 1. Vorsitzende des Clubs:

Hallo Gerhard,

um "Dumme Fragen jeder Art" zu beantworten, steht
der Club Ihnen selbstverständlich jederzeit zur
Verfügung. Wir begrüßen jeden, der sich der Zucht
von Amerikanischen Collies widmen möchte, vor allem
den Weißen, da diese Farbvariante mir persönlich
sehr am Herzen liegt.

Das Thema ist nur sehr umfangreich, daher rufen Sie mich doch bitte in den nächsten Tagen an: Tel.:04262/958200

Alle Details können wir gerne im persönlichen Gespräch klären.

Bis dahin viele Grüße aus der Heide,

Stephanie Noelle
1. Vorsitzende CfAC e.V.

Statt eines Anrufes kam dann eine weitere E-Mail. Sie wird von mir hier unverändert wiedergegeben:

An: Stephanie Noelle
Betreff: Re: Kontakt über CfAC

Hi, also erstmal danke für die mail. anrufen möcht ich eigentlich noch nicht, a) ist mir die telekom zu teuer, das investiere ich lieber in nen hundi-leckerle und b) fallen mir dann nie die fragen ein, die ich stellen möchte, daher schreib ich lieber. nun zu meinen bedenken, fragen und problemen....

also grundsätzlich möchten wir schon mal collies züchten und denken das nach einem salbe und einem bluemerle collie in den nächsten 1 oder 2 Jahren eine schwarz/weisse zucht großer starker und schöner Collies dran wäre, wofür wir uns nen gleichaltrigen tricolore/schwarzen rüden und ne blutfremde weisse hündin vorstellen könnten. leider schreckt uns die ganze vereinsmeierei, die kosten drumherum und all die formalitäten extrem ab...
z.B. :

1. was mir so garnicht klar ist, wie kriege ich die hunde jemals in die zucht hinein, alleine die untersuchungen sind ja schon nicht billig und ihr verband will ja da offensichtlich noch mehr untersuchungen als üblich. was das wieder

kostet... also bei menschen ist ne DNA-Unter-
suchung extrem teuer dazu augen, HD und Schutzimpfung, da bin ich ja schon vor der ersten
Ausstellung bettelarm !

2. dann die frage mit den ausstellungen,
woher weiss ich wann wo ne ausstellung ist,
die meissten sind auch noch am anderen ende
deutschlands (was ne stundenlange autofahrt
beinhaltet) und ausserdem kostet die auch
wieder nen haufen meldegelder. zudem muss ich
wohl auch noch mehr als eine besuchen... dann bin
ich mit meinem hund der gnade eines richters
ausgesetzt, der mich warscheinlich schlechter
bewertet, weil ich anfänger bin oder die
halskrause meines hundes nicht genug
aufgeplustert habe (statt den Hund so zu zeigen
wie er auch gehalten wird), die richter sind doch
insgesamt wohl ziemlich voreingenommen und diesen
„Plüschstil" find ich überhaupt nicht mehr collie-
typisch.

3. dann muss ich offensichtlich noch in einem
verband rein, der auch wieder beitrag haben will
und für den zwinger muss ich dann wohl auch
noch blechen, oder ? gehts eigentlich auch ohne
verband ? muss ich dann für alles mehr bezahlen?
wer erkennt denn die weissen collies sonst noch
an?

4. zumindestens ihrem verband muss ich dann auch
noch sachkunde nachweisen also vereinszuchtregeln
auswendig lernen oder so... ne grauenhafte
vorstellung und ich bezweifle das man daran gute
züchter erkennt...

5. und wenn ich dann endlich jahre später
kleine wauwie´s hab, muss ich schon wieder nach
unterschriften rumlaufen und so ne wurfabnahme
von so nem zuchtwart kostet mich doch auch
schonwieder geld, der macht das sicher nicht
umsonst oder ?

was mich mal echt interessieren würde, wären die kosten für dieses ganze drumherum, denn auf den webseiten steht nirgendswo was es kostet und das läppert sich ja wohl ziemlich zusammen... nicht das ich bei den hunden spare, aber bei so vielen kosten kann ich den hunden ja auch gleich goldne futternäpfe hinstellen...

wissen se, ich bin ausgebildeter zootechniker und pferdezüchter mit 10 jahren erfahrung mit tieren und immerhin schon 20 collie-jahren.den hunden gehts bei uns prima, sie bekommen nen hüpsches grundstück, ne gute grundausbildung, hervorragendes futter z.T. sogar handgemixt und jede menge liebe, dazu noch täglich 3 bis 4 spaziergänge im wald, ab und zu ne schutzimpfung und bleiben selbstverständlich ihr leben lang bei uns... also ich finde, das ist mehr als qualifiziert und insgesamt nen hervorragendes heim für nen kleinen hobbyzwinger. mehr kann sich doch ein hund garnicht wünschen, oder ?

was genau möcht ich haben:

1. ne aufstellung der durchschnittlichen Kosten für Zuchthunde unter Berücksichtigung von Tierärztlichen Attesten, Prüfungen, Shows, Verbandskosten usw.

2. ich bräuchte auch sowas wie nen Mentor der mir mit mir so ne Art Fahrplan aufstellt, damit ich weiss wann und wo ich was mit den hunden zu machen habe und den ich bei meiner ersten ausstellung auch gern an meiner seite hätte, damit da auch nichts schief geht...

das würde mir schonmal nen überblick verschaffen, was da genau auf mich zukommen würde denn momentan hab ich eher das gefühl das das ne ziemlich teure angelegenheit wird...
ich denke jedoch auch das ein verein solche hundefamilien auf jeden fall für die Zucht

begeistern sollte und sie nicht vor den Hürden
allein im Regen stehen lässt.

für mich als Collie-Fan ist nur eines ausschlag-
gebend, das ich schöne gesunde und edle kluge
Collies habe, die auch zusammen herumtollen
können und rundrum wohl fühlen. Pokale, Ruhm und
Ehre sind höchstens ne hüpsche wandverkleidung,
mehr aber auch nicht...

wie sie sehen, sind da viele fragen offen und
z.Z. haben wir ja auch noch einen Hund der
vielleicht noch 1 oder 2 Jahre vor sich hat aber
wir möchten uns halt schonmal so langsam etwas
umsehen und die weiss/schwarzen collies
gefallen uns halt insgesamt...

gruss gerhard

Ja klar doch! Keine Ahnung, keine Kohle, aber Hunde züchten wollen!
Diese letzte E-Mail blieb von mir unbeantwortet und unkommentiert...

Mystic Marlene

Die innige Liebe zu ihrem Haustier ist für viele Menschen ein wichtiger Lebensmittelpunkt. Wir alle wissen, dass diese Liebe mannigfaltige Blüten entwickeln kann, die die Industrie sehr gut auszunutzen weiß. Angefangen mit speziellen Zahnpflege-Leckerlies, über Halsbänder und Leinen aus handgeklöppelter Kamelwolle mit und ohne Edelsteinen, dann die unendliche Weite der Haute-Couture für den Hund, weiter geht es mit speziellen handgefertigten Schlafstätten mit 7-Zonen Kaltschaummatratzen bis hin zum perfekten Haarschnitt beim Hundecoiffeur und der optimal angepassten Tönung in Exotic-Orange. All diese Dinge tun Herrchen und Frauchen liebend gerne für ihren kleinen Liebling, wollen sie doch, dass ihre überschwängliche Liebe erwidert wird. Aber ist das wirklich so? Was denkt mein Tier wirklich über mich und sein Leben? Schmeckt ihm sein Futter und fühlt er sich sexuell ausgelastet? Oder fehlt ihm etwas in seinem alltäglichen Leben, ist die Kaltschaummatratze zu hart, ist der Gassi-Dienst auch immer freundlich und zuvorkommend oder brütet er im schlimmsten Falle eine bisher unentdeckte schwere Krankheit aus? Um diese Fragen zu klären, fühlen sich inzwischen Heerscharen von Tier-Wahrsagern, — oh pardon! — sie nennen sich TIERKOMMUNIKATOREN, berufen, eine Brücke zwischen der Seele des Tierbesitzers und seines tierischen Lebensgefährten zu errichten und tief in die Gedankenwelt von Hund, Katze oder Maus einzudringen, um *Messages* von Hüben nach Drüben zu übermitteln.

Normalerweise denkt man eher an Besitzer von Katzen oder Kleinhunden, die sich auf solche Abenteuer einlassen, aber nachdem mir zwei meiner Welpenkäufer berichteten, sie hätten zu ihren Hunden

„Kontakt aufgenommen", wurde ich neugierig. Der eine Hund war ausgebüxt und verschwunden und sollte über die Tierkommunikatorin seinen Aufenthalt preisgeben. Hat er leider nicht. Oder nicht richtig, jedenfalls wurde er viel später ganz woanders aufgefunden. Der zweite Hund hat über die Tierkommunikatorin mit seiner Besitzerin den optimalen Termin für eine anstehende Operation „ausdiskutiert". Soso...

Ich bin durch meine Ausbildung ein eher wissenschaftlich geprägter Mensch, ich glaube nur, was ich sehe oder belegen kann. Nun sollte man aber nicht glauben, dass man immer über alles zwischen Himmel und Erde restlos Bescheid wüsste, daher bin ich für neue Dinge stets offen. Aber belegt haben will ich sie trotzdem. Ganz klar: Ich musste eigene Erfahrungen sammeln in der Sache.

Im Internet wimmelte es nur so von Homepages diverser Tierkommunikatoren. Sie unterschieden sich nicht wesentlich vom Inhalt her. Erstaunt stellte ich fest, dass für so eine *Séance* – sorry ich meine *Sitzung* – weder der Tierbesitzer, noch das Tier körperlich bei der Tierkommunikatorin anwesend sein müssen. Die Anwesenheit des Tierbesitzers am anderen Ende der Telefonleitung schien ausreichend für den Kontakt zu sein. Na dann mal los! Natürlich erdachte ich mir vorher ein Konzept. Das Tätigkeitsfeld dieser Tierflüsterer besteht größtenteils aus dem Wiederauffinden von vermissten Tieren, der Kontaktaufnahme von schwerkranken Tieren und der Einholung des Einverständnisses zum Einschläfern, sowie die Kontaktaufnahme zu bereits verstorbenen Tieren. Nun wollte ich bei meinem Experiment ja sicher gehen, die Aussagen der Tierkommunikatorin auf ihren Wahrheitsgehalt hin überprüfen zu können. Nicht so einfach... Daher fiel die Sache mit der Kontaktaufnahme zu verstorbenen Tieren flach. Ich konnte ja schlecht beweisen, dass ein bereits verstorbenes Tier NICHT über die weiten grünen Wiesen und die blühenden Lavendelfelder im Nirwana berichtete. Die Sache mit dem vermissten Tier war mir auch zu wage, also blieb noch die Sache, die meiner Meinung nach auch das für ein Tier größte Risiko des Missbrauchs beinhaltete: Ist mein Tier mit einer Euthanasie einverstanden, oder soll ich noch warten? Werden durch diese Sitzungen eventuell schwerkranke Tiere länger am Leiden gelassen oder gar therapierbare Tiere oder alte Tiere mit noch guter Lebensqualität zum Sterben verurteilt, nur weil ein Tierkommunikator das so sagt? Wie weit sind diese Leute bereit, Aussagen über die vermeintlichen Wünsche eines Tieres zu tätigen und damit sein Todesurteil zu fällen? Nur auf Grund eines Telefonkontaktes? Das wollte ich wissen! Nun hatte ich natürlich nicht mal eben ein schwerkrankes Tier parat, aber mehrere quicklebendige. Wenn schon, denn schon, dachte ich mir. Ich schnappte mir den Telefonhörer und rief eine Nummer in der Nähe von Hannover an. Das war nicht all zu weit von uns entfernt, vielleicht konnte die Frau ja dann besser den Kontakt herstellen. Ich wollte wenigstens ein wenig Fairness walten lassen und der Dame eine Chance geben. Ich wählte die Nummer und folgendes Gespräch ergab sich sinngemäß wie folgt:

- *Vielen Dank für Ihren Anruf! Möchten Sie die Kommunikation zwischen Ihrem Tier und Ihnen optimieren, neue Wege gehen und Ihre Seele mit der Ihres Tieres verschmelzen lassen? Ich helfe Ihnen gerne! Seien Sie offen und bereit für eine neue Dimension des Zusammenlebens mit Ihrem Tier... Bitte halten Sie Ihre Kreditkarte bereit, Sie werden sogleich mit Mystic Marlene verbunden...*

Ich wurde ganz aufgeregt, konnte mein Grinsen kaum in den Griff kriegen und wartete gespannt auf *Mystic Marlene.* Es klickte wieder in der Leitung und ein netter Herr nahm meine Kreditkarteninformationen auf und klärte mich über die Preise auf. Dann hörte ich eine zarte Stimme, kaum hörbar und sehr monoton:

- *Jaaaa, Sie sprechen mit Marlene, wie kann ich Ihnen und Ihrem Tier helfen?*
- Ja also hallo, mein Name ist Noelle und ich...
- *Wir nennen uns hier beim Vornamen Kindchen, das erleichtert mir den Kontakt. Wie heißen Sie?*
- Stephanie.
- *Stephanie. Sehr schön. Stephanie um welches Tier geht es? Mit wem möchten Sie Kontakt aufnehmen?*
- Mit Lassie. Ich habe Lassie schon ans Telefon geholt, um Ihnen den Kontakt zu erleichtern.

Ich griff in die Kiste neben mit und holte mein Langhaarmeerschweinchen Lassie (seit zehn Minuten, ehemals Kaspar) hervor. Er machte es sich auf meinem Schoß bequem und muffelte an dem Apfel, den ich ihm reichte.

- *Lassie? Soso. Was ist denn mit ihr?*

IHR? Ich hatte bisher kein Geschlecht genannt. Erster Fauxpas für Marlene. Jetzt kam ich in Fahrt. Da hake ich nach! Nun muss ich dem geneigten Leser verraten, dass ich ein seltenes schauspielerisches Talent habe, das mir das Zusammenleben mit Großmüttern und Männern immer sehr erleichterte: Ich kann auf Kommando weinen. Dabei beherrsche ich die ganze Palette. Von stillem Wimmern über lautem Schluchzen bis hin zu hysterischem Gestotter und Hyperventilieren.

Das bekam auch Marlene zu spüren...

- Die Gebär-ärmut-ter ist ent-entzü-hündet...

Ich begann mit einem leicht undeutlichen Wimmern.

- *Ja wie alt ist Lassie denn jetzt?*
- Se-sech-zehn...

Meerschweinchenjahre fügte ich still in Gedanken hinzu...

- *Nun beruhigen Sie sich mal Kindchen, ich kann Sie ja gar nicht richtig verstehen!*

Ich schluchzte einmal vernehmlich in mein Taschentuch und fuhr fort:

- Der Tierarzt will sie einschläfern lassen, weil die Medikamente nicht anschlagen und sie eine Operation mit Kastration vom Kreislauf nicht mehr schaffen würde. Was soll ich denn jetzt bloß tun?

Bei dem Wort Kastration hörte Kaspar auf zu müffeln und schaute mich irritiert an.

- Ich weiß ja gar nicht, ob Lassie schon bereit ist, zu gehen. Immer wenn ich über das lange braun-weiße Fell streichele wünsche ich mir, sie könnte mir sagen, was ich tun soll. Können Sie mir das nicht sagen? Was sie so denkt darüber?

So, der Köder war ausgelegt: Weibliches Tier mit Namen Lassie, braunweisses langes Fell, typische Erkrankung einer älteren unkastrierten Hündin, was für Schlussfolgerungen wird Marlene ziehen, was erzählt sie mir über das Seelenleben meines Zuchtbockes Kaspar?

- *Ja Stephanie ich kann Ihnen und Ihrer Hündin Lassie helfen.*

Bitte entspannen Sie sich, nehmen Sie Lassie in den Arm, dann kann ich besser Kontakt zu ihr aufnehmen...

Bingo!! Der Fisch war am Haken!! Nun war ich gespannt. Kaspar saß ganz still auf meinem Schoß und machte einen entspannten Eindruck. Wenn Marlene wirklich etwas auf dem Kasten hatte, dann wird sie bei der Kontaktaufnahme ja schnell feststellen, dass sie es mit der Seele eines sehr einfach strukturierten männlichen Meerschweinchens, gänzlich ohne Erkrankung und Gebärmutterproblemen und in der Blüte seiner Jahre zu tun hatte.

- *Stephanie Sie müssen sich mehr entspannen, damit ich Zugang finden kann. Ich beginne jetzt...*

Sie fing an ätherische Melodien zu summen und ich sah sie im Geiste bildlich vor mir, wie sie mit großen Goldreifen in den Ohren, einer bunten Schärpe über den Schultern, wiegend auf dem Stuhl hin- und herwankte und Kontakt suchte. Dann fing sie an zu berichten.

- *Ich habe jetzt Kontakt!! Lassie lässt den Kontakt zu!! Ihr geht es nicht gut. Sie hat Schmerzen. Sie weiß, dass ihre Lebenszeit jetzt bald vorbei ist. Sie ist mit sich im Reinen und ist zufrieden. Sie bittet Sie, sie gehen zu lassen. Sie können loslassen. Sie sagt, sie hatte ein schönes Leben mit Ihnen und wird sie vermissen, aber sie möchte jetzt gehen. Die sechzehn Jahre Lebenszeit waren erfüllt und schön, sie ist jetzt bereit. Sie sollen an den Sommer vor zwei Jahren denken, der war doch so schön mit Ihnen. Daran sollen Sie sich immer erinnern.*

Sommer vor zwei Jahren? Kaspar müffelte mich überrascht an. Da war er noch nicht geboren gewesen. So ein Quatsch!! Jetzt wollte ich Details! Kaspar müffelte zustimmend und wir lauschten weiter...

- Was genau meint Lassie denn ? Welches Erlebnis in dem Sommer ?
- *Ja also Lassie sagt, es wäre was mit Wasser gewesen, und Wärme und Sand. Waren Sie mal mit ihr am See schwimmen oder am Meer ?*

Kaspar und ich schauten uns an. In der Regel gehe ich mit meinen Meerschweinchen nicht in einem See oder im Meer schwimmen - auch wenn sie *Meer*schweinchen heißen. Und um zu wissen, dass er das nicht komisch finden würde, brauchte ich auch keine Tierkommunikatorin...

- Ja jetzt wo Sie es sagen, wir waren mit Lassie im Sommer auf Sylt. Das muss sie meinen!
- *Ja das ist es! Ich sehe durch Lassies Augen Strände und das weite Meer. Sie erinnert sich!*

Ja sicher doch!! Klar!! Lassie hin, Lassie her- selbst ich war zu diesem Zeitpunkt noch nie auf Sylt gewesen...

- Und Sie sind sicher, dass ich Lassie besser einschläfern lassen soll?

Jetzt wurde Kaspar energisch und wollte von meinem Schoß herunter.

- *Ja mein Kind, ihre Seele hat den Körper schon fast verlassen. Wenn Sie ihrem Leben kein Ende bereiten, dann wird sie von alleine gehen, aber dann unter noch mehr Schmerzen. Ersparen Sie ihr das.*

Ich beschloss, dass es nun Zeit wäre, meine Kreditkarte nicht weiter zu strapazieren und beendete die Sitzung. Ich hatte was sich wollte, den Beweis, dass Mystic Marlene zumindest in diesem Fall keinen Kontakt zu Kaspar oder wem auch immer hatte, mir aber schwerwiegende

Ratschläge erteilte und sich das auch noch königlich bezahlen ließ.

Ach ja, für die, die es interessiert: Ich habe Kaspar natürlich in der folgenden Zeit mit Argusaugen beobachte, falls seine Seele doch schon halb ausgezogen wäre und er vorhatte, seinen Futternapf vorzeitig zurück zu geben. Hat er aber nicht. Er ist inzwischen fast sechs Jahre alt und immer noch quietschfidel. Auf ein langes Meerschweinchenleben ohne Gebärmutterprobleme! Prost!

Die Qual der Wahl

Sir Henry war ein blaublütiges Echtfell-Accessoire aus dem Hause Yorkshire. Er führte bis dato ein recht beschauliches Leben. Jüngst hatte er sogar seine Erzfeindin „Chanel", eine betagte Siamkatze, glorreich überlebt. Er war selber schon im Herbst seines Lebens angekommen mit fast 14 Jahren und er hatte vor, seinen Lebensabend nach seinen Vorstellungen zu gestalten und natürlich in vollen Zügen zu genießen. Sein Alltag war gespickt mit Wellness-Terminen und Physiotherapie, hinzu kam einmal die Woche der Besuch im Hundesalon, um sein etwas schütter werdendes Fell mit Vitaminen und Coffein-Shampoos zu verwöhnen und ab und zu ein neues Schleifchen in seine Haarpracht setzen zu lassen. Der Rest seines Lebens war relativ eintönig, außer der täglich zu fällenden Entscheidung, ob ihm heute lieber nach Cäsar mit Garnelen oder Cäsar mit Bio-Elchfleisch gelüstete. Oder doch lieber mit frischer Leber? Er war eigentlich mit seinem Leben recht zufrieden, besonders nach dem Ableben von Chanel machte ihm niemand mehr den Platz im Bett neben seinem Frauchen Christine streitig. Christine bitte französisch ausgesprochen mit stumpfem „e", soviel Zeit muss sein. Jegliche Männer hatte er in den letzten 14 Jahren erfolgreich aus seinem und Christine's Leben fern halten können, eine Frau hat erfahrungsgemäß nur Zeit für *einen* Mann in ihrem Leben und das war nun mal Sir Henry.

Christine war nach dem Tod von Chanel nun aber der Ansicht, dass Sir Henry so ganz ohne tierischen Kumpanen vereinsamen könnte. Entspanntes Dösen auf dem Sofa interpretierte sie als depressive Lethargie und beschloss alarmiert, ihrem Liebling wieder einen Sinn im Leben zu geben. Eine Aufgabe. Wie zum Beispiel seine ganze

Lebenserfahrung an die nächste Generation weiterzugeben. An einen niedlichen Welpen. An einen Colliewelpen - von uns. So brauten sich, von Sir Henry völlig unbemerkt, dunkle Wolken über ihm zusammen. Das Gewitter brach los, als uns Christine mit ihm besuchte, um ihm eine zauberhafte Colliefreundin auszuwählen, mit der er fortan sein Leben, sein Futter und Christine's Bett teilen sollte.

Nun war es Christine natürlich sehr wichtig, dass ihr Schatz Nummer 1 sich auch mit Schatz Nummer 2 vertrug. Daher kam sie mit der festen Vorstellung zu mir, dass Sir Henry bei der Auswahl des Welpens doch ein Wörtchen mitzureden habe. Ich versuchte ihr das auszureden, leider erfolglos. Die Meinung ihres Yorkshires war unbedingt einzuholen. Also bot ich ihr an, mit ihm in den Welpenauslauf zu gehen und ihn „mal schauen zu lassen". Sir Henry thronte sicher auf dem Arm von Christine, liebevoll an ihre ausladende Oberweite gedrückt und starrte angeekelt auf die junge Collieschar. Es ging ihm so wie es uns gehen würde, wenn wir mitten im Wald einem Frischling begegnen würden. Denn wo ein Frischling, da auch eine wütende Bache nicht weit... Er schaute sich irritiert nach allen Seiten um, wo denn die mutmaßliche Mutter dieser Bälger wäre. Er hatte offensichtlich nicht vor, nähere Bekanntschaft mit ihr schließen zu wollen. Christine war der Ansicht, dass Sir Henry jetzt doch mal etwas mehr auf Tuchfühlung gehen sollte und setzt ihn mitten auf dem Rasen im Welpenauslauf ab. Die Welpen waren erst verdutzt, starteten dann aber flugs durch um das neue Plüschtier auf seine Tauglichkeit als Spielzeug zu testen.

Sir Henry fielen fast die Augen aus dem Kopf und er beschloss, Leib und Leben zu retten und sich zu verabschieden. Er flitzte behände durch die Abstände des Lattenzaunes und machte sich auf und davon. Egal

wohin, Hauptsache weg. Dabei entwickelte der alte Knochen noch eine erstaunliche Geschwindigkeit, das musste man ihm lassen. Christine fühlte Panik in sich aufkommen, schwang sich über den Zaun und rannte hinterher. „Henry! Henry so warte doch! Du brauchst doch keine Angst zu haben! Henry! Sir Henry!!! Komm sofort hierher!" Sir Henry spurtete bis unter ihr Auto und war die nächste halbe Stunde nicht zu bewegen, darunter hervor zu kommen. Christine lag auf dem Bauch neben dem Wagen und gurrte, lockte, flötete und bat ihn eindringlich, doch wieder heraus zu kommen. Irgendwann war sie erfolgreich und wir zogen uns ins Wohnzimmer zurück. Sie ließ ihn auf dem Sofa sitzen und folgte nun endlich meinem Rat, sich selber einen passenden Welpen auszuwählen.

Wir gingen zurück zu den Welpen und sie setzte sich mitten zwischen die Racker. Allerdings saß sie stocksteif da wie eine Wachsfigur und rührte sich kein Stück. Ich fragte sie, ob sie Angst hätte. Nun rückte sie mit der nächsten Theorie heraus, dass sie sich ganz passiv verhalten wolle und so die Welpen die Chance hätten, *sie* zu erwählen. Wenn schon Sir Henry sich keinen Welpen auswählte, dann würde sie jetzt den Welpen die Wahl lassen, ob sie ihnen als künftige Adoptivmama genehm wäre. „Der Welpe sucht sich immer seinen Besitzer aus habe ich gehört!" Ein echt alter Hut, der aber immer noch unter Welpenkäufern beliebt ist. Ich versuchte ihr klar zu machen, dass die Welpen alle Besucher interessant fänden und sie sich mit Sicherheit nicht im Klaren darüber wären, dass sie jemals von einem dieser Besucher mitgenommen werden würden. Die Welpen würden überhaupt nicht auf *die Idee* kommen, dass sie jemals ihr jetziges Rudel zu verlassen hätten, geschweige denn untereinander ausmachen, wer welchen neuen Besitzer bekommt. Der Welpe, der sie am ersten entdeckt und am nächsten zu ihr sitzt ist der erste, der sie erreicht und an ihr hoch krabbelt. Je aufgeweckter und spiellustiger er ist, desto penetranter wird er ihr die Schnürsenkel aufkauen. Aber nicht weil er sie besonders sympathisch findet, sondern weil vermutlich ihre Schnürsenkel sehr lecker schmecken. Daher sollte man einen Welpen nach seinen Charaktereigenschaften auswählen, die der Züchter einem genau beschreiben kann und nicht nach der Spiellaune des Hundes. Zögerlich nahm sie meinen Rat an und wir suchten eine ruhige und entspannte Hündin aus, die sich and den Eigenheiten von Sir Henry nicht stören würde und die den Hundesenior weiterhin ungestört seinen Alltag gestalten lassen würde.

Zurück im Wohnzimmer saß Sir Henry noch exakt so da, wie Christine ihn dort abgesetzt hatte und machte ein beleidigtes Gesicht. Dieser ganze Besuch dauerte ihm eindeutig schon viel zu lange. Während Christine und ich bei Kaffee und Kuchen vertragliche Dinge besprachen, beschloss Sir Henry, dass es nun Zeit wäre, zu gehen. Er hopste vom Sofa herunter, setzte sich neben Christine und begann mit einer Stalking-Nummer wie aus dem Lehrbuch. Erst starrte er sie unentwegt an. Als das nichts half, begann er zu kläffen. Aber nicht so einfach nur kläffen, nein er hatte da seine Methode entwickelt, um das Nervenkostüm in kürzester Zeit zu zerpflücken. In absolut sauberem Takt, wie ein Metronom, erklang im 5 Sekunden Abstand sein *jiff-jaff-jiff-jaff,* natürlich in Yorshire-Hochfrequenz. Wie ein Duracell-Terrier. Nach einer Viertelstunde war ich geneigt, ihm den Stecker zu ziehen – endgültig... Stattdessen wechselte er abermals die Technik. Er hörte auf zu kläffen und fing an mein Wohnzimmer zu inspizieren. Und zu *markieren.* Bis wir es bemerkten, hatte er fein säuberlich die hölzernen Raumteiler, die Vorhänge und das Sofa angepieselt. Christine wurde etwas unsicher, als sie die blanke Mordlust in meinen Augen sah, entschuldigte sich vielmals und brachte den triumphierenden Sir Henry vorsorglich in ihr Auto zurück. Er hatte wie immer erreicht, was er wollte.

Sie kam ohne ihn zurück und präsentierte mir stattdessen freudestrahlend ein schönes rosa Frotteehandtuch.

- *Das ist für Darling, damit sie sich schon an meinen Geruch gewöhnt! Ich habe mich extra damit abgetrocknet und es dann mit meinem Parfum eingestäubt!*
- Ja super! Dann hängen wir es gleich zu den anderen Handtüchern in den Welpenschlafraum und beschriften es vorher noch mit dem Namen des Hundes.
- *Ach das machen Sie, damit Sie nachher alle Handtücher wieder zuordnen können?*
- Nein, das mache ich damit Darling ihr Handtuch herausfindet und sich bereits ganz gezielt mit ihrem Geruch auseinander setzen kann. Wissen Sie, die Welpen können ihren Namen schon ganz gut schreiben und lesen, da ist das kein Problem, das richtige Handtuch herauszufinden und jeden Abend vor dem Schlafen gehen eine Nase voll zu nehmen. Wie sollte sie auch sonst in dem Berg von Handtüchern wissen, welches für sie bestimmt ist?

Christine begann offensichtlich an meinem Verstand und an ihrer Theorie zu zweifeln.

- *Ja aber wozu ist denn dann das Handtuch da, wenn sie es gar nicht erkennen kann?*
- Das Handtuch soll in der nächsten Zeit *unseren* Geruch annehmen, damit Darling dann bei Ihnen in dem neuen

Zuhause den gewohnten Geruch mit dem Handtuch aufnehmen kann und sich dann ein wenig heimischer fühlt.

Ich bin immer wieder überrascht, mit was für Weisheiten die Leute hier auftauchen wenn es darum geht, einen passenden Welpen auszuwählen und ihn auf sein neues Heim vorzubreiten. Es gibt unendlich viele Mythen und Meinungen, von Generation zu Generation überliefert. Fast alle sind weder logisch noch kynologisch haltbar. Es ist offensichtlich viel spannender, mit der Welpenauswahl etwas Spirituelles und Magisches zu verbinden, als klar erkennbare Signale richtig zu interpretieren. Apropos eindeutige Signale: Wenn es nach Sir Henry gegangen wäre, dann hätte er *keinen* Welpen mitgenommen, jetzt nicht und auch in Zukunft nicht. Aber in diesem Fall setzte sich Christine durch und erfüllte sich den Wunsch von einem Collie. Nach anfänglichen Schwierigkeiten, bei denen Sir Henry wohl seine Koffer gepackt hätte, wenn er denn gekonnt hätte, gewöhnte er sich an das wuselige Colliemädchen und dirigierte es von seinem Sofakissen aus. Sie leckte ihm liebevoll die Öhrchen sauber, brachte ihm ihre Kauknochen und überließ ihm selbstverständlich dauerhaft den Platz auf dem Sofa und in Christine's Bett. Mit den Kauknochen konnte er mangels Zähnen nicht mehr viel anfangen, aber er nahm die Geschenke gönnerhaft entgegen. So umschmeichelt und umsorgt erlebte er noch drei schöne Jahre und einen überraschend angenehmen Lebensabend...

Tausendprozentig!!

Man hat im Leben einige wenige sehr gut Freunde, ein paar mehr gute Bekannte, noch mehr entfernte Bekannte und es gibt Leute, mit denen man einen zweckgebundenen Kontakt hat. Letztere sind Handwerker, entfernte Nachbarn, eklige Verwandte, die Kassiererin im Supermarkt und auch Welpeninteressenten. Es gibt einen offensichtlichen Grund, warum man in Kontakt tritt, dieser Grund ist bei letzter Spezies der Wunsch nach einem Welpen. Häufig entwickelt sich aus so einem Kontakt mehr und einige meiner Welpenkäufer sind inzwischen sehr gute Bekannte oder gar Freunde. Aber ob eine erste Anfrage nach einem Welpen zu einem Vertrauensverhältnis heranwächst, so dass man diesen Leuten dann auch einen Welpen anvertraut, stellt sich erst im Laufe der Gespräche heraus. Empfindet man dann zusätzlich noch persönliche Sympathie füreinander, hat man „einen Draht" gefunden, dann entwickeln sich bei vielen netten Plaudereien schnell humorvolle und gute Bekanntschaften. Das ist der normale Lauf der Dinge. Nun gibt es ein paar wenige Leute, die zäumen das Pferd lieber von hinten auf. Man beginnt mit einer E-Mail oder einem Anruf und steigt dann gleich zur Intimfreundin Nr. 1 auf – locker die Stufen der verschiedenen Bekanntschaftsgrade überspringend. So empfinden das zumindest diese Damen, ich werde da nicht nach meiner Meinung gefragt, nein, ich werde mit Haut und Haar verschlungen...

Rosemarie war so jemand. Ihren Nachnamen habe ich vergessen, sie nannte ihn eh nur kurz bei unserem ersten Telefonat, währenddessen Sie dann auch schnell zum informellen „Du" wechselte. Ich versuchte mich noch tapfer ein paar Wochen dagegen zu wehren indem ich sie weiter siezte, aber sie ignorierte meine Bemühungen gekonnt und duzte, was

das Zeug hielt. Ursprünglich wollte sie sich „ganz generell" mal nach einem Welpen erkundigen. Nicht für sofort. Nicht für bald. Und auch nicht für in einem Jahr. So zwei bis drei Jahre würde es noch dauern, aber man kann sich ja nicht früh genug umsehen... Und das tat sie gründlich! Sie bombardierte mich mit E-Mails und Anrufen, bevorzugt ab 20 Uhr abends. Sie stellte mir alle möglichen und unmöglichen Fragen über Collies und wenn sie damit fertig war, plapperte sie munter über ihr Privatleben weiter. Ich gewöhnte mir an, während ihres Gebrabbels ab und zu ein „hmmm" einzuwerfen und meinen anderen Tätigkeiten weiter nachzugehen. Ich mistete meine Meerschweinchen aus, während sie mir von ihrer ersten Katze erzählte. Das Thema „wie finde ich eine gute Hundeschule" eignet sich hervorragend um dabei Rasen zu mähen und zur Not konnte man Rosemarie samt mobilem Telefon auch einfach auf der Toilette vergessen und die Böden wischen, wenn man zurück kam plapperte sie immer noch. Sie meldete sich in diversen Foren an und prahlte dort mit unserer dicken Freundschaft. Da ich selber in keinem Forum vertreten bin, bekam ich davon relativ spät Wind, als mich wildfremde Leute auf „meine Freundin Rosemarie" ansprachen. Irgendwann erschien Rosemarie dann zum persönlichen Besuch, um sich meine Hunde anzusehen und *unsere Freundschaft zu vertiefen*. Nach vier Stunden musste ich sie gewaltsam aus meinem Wohnzimmer entfernen. Im Grunde genommen tat sie mir leid. Sie hatte offensichtlich keine ausreichenden sozialen Kontakte und stürzte sich nun mit einer Ergebenheit und Begeisterung auf mich, dass mir angst und bange wurde. Dabei war sie völlig fasziniert von der Vorstellung, einen Welpen von uns zu bekommen. Es gab nur noch dieses Thema. Bei jedem in der Zwischenzeit geborenem Wurf suchte sie sich einen Lieblingswelpen aus, der dann IHR Hund wäre, ja *wenn* sie denn jetzt schon einen Welpen nehmen könnte... Sie überlegte sich Hunderte von passenden Namen für ihren künftigen Welpen. Dieser Name sollte dann natürlich in den offiziellen Zuchtnamen mit einfließen, ungeachtet der Tatsache, dass unsere Welpen fortlaufend nach dem Alphabet benannt werden. Sie wälzte Prospekte über Hundetransportboxen und Welpenspielzeug. Dabei wurde ich immer in ihre Entscheidungsfindung mit einbezogen, ob ich wollte oder nicht. Sie war ja so absolut sicher, einen Welpen von uns zu erwerben, so tausendprozentig sicher, es war nur noch eine Frage der Zeit... Ich machte ihr den Vorschlag, doch auch einmal andere Züchter zu besuchen und sich dort umzusehen, aber davon wollte sie nichts wissen. Ohne mich würde sie nie einen Hund kaufen, nie! Ihre Begeisterung — oder soll ich besser sagen Besessenheit — erreichte ihren Höhepunkt, als sie mir zum Valentinstag einen Fleurop-Blumenstrauß zukommen ließ. Nur mal so. Weil ich so nett war. Da fand ich es an der Zeit, die Notbremse zu ziehen. Ich versuchte ihr behutsam klar zu machen, dass ich es für dringend erforderlich hielt, unsere Bekanntschaft zumindest so lange ruhen zu lassen, bis sie wieder einen Sinn ergäbe, sprich: sie konkret einen bestimmten Welpen haben wollte. Sie reagierte völlig unerwartet. Ich sollte ihr das jetzt nicht übel nehmen, aber sie hätte mir da etwas zu beichten. Das mit dem Colliewelpen würde sich jetzt doch noch ein wenig verzögern, nur so um fünf-sieben Jahre. Sie hätte ja seit drei Monaten einen kleinen süßen Mischling aus der Spanienhilfe, der arme Hund hätte ihre Seele berührt und sie wäre ein ganz neuer Mensch durch den Hund geworden. NATÜRLICH wolle sie immer noch einen Collie. Irgendwann. Und dann natürlich nur von mir. Tausendprozentig!!

Mir fehlten — was äußerst selten vorkommt — wirklich die Worte. Wow, das war dreist!! Eine Welle von Emotionen spülte durch meinen Kopf...

Enorme Erleichterung, dass sie nun keinen Welpen mehr von uns wollte und fortan aus meinem Leben verschwinden würde (ich hätte sie ja für die nächsten *12-14* Jahre abonniert, wenn sie einen Hund von uns bekommen hätte). Andererseits eine große Wut, vor allem auf mich selbst. Ich hatte ja selber Schuld, dass ich dieses Theater mitgemacht hatte. Ich rechnete im Geiste die Stunden, eher Tage zusammen, die ich mit Rosemarie am Telefon verbringen musste oder die das Tippen der vielen E-Mails mich gekostet hatten. Die pure Verschwendung von Lebenszeit! MEINER Lebenszeit! Und warum das alles? Weil man ja gerne über die Rasse berät, weil man als Vorstandsmitglied eines Zuchtverbandes ein (ehrenamtliches!!) Amt inne hat und den Club in der Öffentlichkeit repräsentiert. Weil man ein höflicher und geduldiger Mensch ist und niemandem vor den Kopf stoßen will. Weil man offensichtlich nichts Besseres mit seiner Freizeit anzufangen weiß, als sich von mitunter wunderlichen Personen mit ausgeprägten Persönlichkeitsstörungen das Privatleben versauen zu lassen! Weil man im Grunde genommen zu blöde ist und sich ausnutzen lässt!! Aber wie heißt es so schön: Jeder ist seines Glückes Schmied und Fehler sind dazu da, um daraus zu lernen. Und wenn ich *eines* daraus gelernt habe, dann das: Ich lasse mir künftig nicht mehr von den Rosemaries der Colliewelt die Nerven zerschreddern – tausendprozentig!!

Diebe! Räuber!! Verbrecher!!!

Es ist stockdunkel und erst drei Uhr morgens - also definitiv noch viel zu früh zum Aufstehen. Die Nacht ist schwül und hatte bisher kaum Abkühlung gebracht. Ich liege im ehelichen Bett und versuche noch ein wenig Schlaf zu finden. Nicht so einfach bei den Geräuschen um mich herum. Mein Mann liegt auf der Seite und pustet mir bei jedem seiner Atemzüge direkt ins Gesicht – ich *hasse* das... Dazu deutliche Schnarchgeräusche, ab und zu unterbrochen von wohligem Schmatzen — dafür ist nun nicht mein Mann verantwortlich, sondern meine beiden Kromfohrländerhündinnen Hummel und Lilli, die sich völlig entspannt auf meiner Bettdecke räkeln. Unsere jüngste Hündin Hazel schläft auch bei uns im Schlafzimmer, sie ist erst sechs Monate alt und in diesem Alter habe ich mein Junghunde nachts gerne bei mir unter Kontrolle, so halten die Stuhlbeine länger und die gelben Recyclingsäcke werden des nächtens nicht in einem Anfall von Langeweile zerpflückt. Hazel schläft zur Abkühlung direkt unter dem weit nach innen geöffneten Schlafzimmerfenster. Ein schwarzes Vliesgitter verhindert den ungebetenen Besuch von fiesen Blutsaugern und die ebenso ungebetenen Blicke des Nachbarn in unser Schlafzimmer. Ich dämmere gerade so dahin, als ich das Klick-Klack von Hazels Pfoten auf dem Laminatfußboden höre und gleich darauf eine feuchte Schnauze durch mein Gesicht wischt. Ich stoße einen tiefen Seufzer aus. Muss sie mal raus? Nein, sie schaut mich an und läuft nicht zur Tür, sondern zum Fenster und schaut heraus. Dann kommt sie zu mir zurück und schaut wieder heraus. Vielleicht ein Katze im Garten? Ich beruhige sie und höre plötzlich ein leises „klick", wie das Klappen einer Autotür. Wer von den Nachbarn kommt denn so spät noch nach Hause? Und dann ohne Motorengeräusche? Nun befindet sich unser nagelneues

Auto direkt unterhalb des Schlafzimmerfensters. Keine 4 Wochen alt, Dirks ganzer Stolz. Ich beschließe, mal einen Blick vom ersten Stock des Schlafzimmers aus dem Fenster auf das Auto zu werfen – man weiß ja nie und schlafen kann ich eh nicht... Ich stehe auf, was von meinen Kromis mit unwilligem Gestöhne und Gebrabbel quittiert wird, bevor sie wieder ins Land der Träume abdriften. Ich blicke aus dem Fenster und erstarre: Das Auto ist hell erleuchtet, da die Türen und der Kofferraum geöffnet sind und drei Gestalten machen sich daran zu schaffen... Mein Adrenalinspiegel steigt innerhalb von zwei Sekunden ins Unermessliche! „EEEYYY!!!! Das ist MEIN Auto!!!!" Das Schnarchen der Kromis stoppt abrupt, zwei kleine Köpfchen schnellen schlaftrunken aus den Kissen hervor und blinzeln verwirrt in die Dunkelheit. Ich brüllte aus dem dunklen Schlafzimmer heraus ein paar weitere äußerst undamenhafte Bemerkungen, was die Diebe dermaßen erschreckt, dass sie – ebenfalls nicht ohne russische Flüche ihrerseits – alle das Weite suchen! Ne!!! *Sooo nicht* meine osteuropäischen Freunde!! Ich donnere (das meine ich wörtlich) mit den Kromis und Hazel auf den Fersen die Treppe hinunter und öffne die Haustür. Meine Hunde schauen mich voll Abenteuerlust gespannt an, ihre Gesichter ein einziges Fragezeichen. WAS JETZT??? Nun gibt es in der Sprache zwischen Mensch und Hund ein paar Begriffe, die, richtig betont, universell über alle Sprachbarrieren hinweg sofort und immer richtig verstanden werden. Einer dieser Zauberbegriffe lautet: PACK SIE!!! Hummels Gesicht verwandelt sich in ein ungläubiges, glücksseliges Strahlen... Nach all den Jahren der Unterdrückung ihres wahren Terriererbes nun diese Erlaubnis – nein: Einladung – nein noch besser: Aufforderung, endlich ihrer wahren Bestimmung und Lebensaufgabe nachkommen zu dürfen: fremde, unwillkommene und äußerst verdächtigen Gestalten zu jagen, verfolgen, stellen und

zur Strecke zu bringen!! Es gibt einen Gott und er liebt sie!! Hummel stößt einen spitzen Freudenschrei aus, der schnell in ein lärmendes Kampfgeheul übergeht, das man bis nach Visselhövede hören kann. Sie nimmt die Verfolgung auf und spurtet los wie ein geölter braun-weißer Blitz, ihre ebenso enthusiastische Tochter Lilli direkt auf den Fersen. Hummel zieht aus, um den Krieg zu gewinnen und sie würde keine Gefangenen machen – das war mal sicher! Hazel findet das Ganze äußerst spaßig und läuft mit Abstand und aus Lust und Laune hinterher. In der Zwischenzeit hole ich noch meine beiden Colliehündinnen Annika und Gracie aus dem Wohnzimmer und lasse sie ebenfalls an dieser fulminanten Jagd teilhaben.

Ich renne ihnen bis auf die Straße hinterher und feuere sie mit Zurufen an. Wie ein Rumpelstilzchen auf Ecstasy hüpfe ich auf der Straße auf und ab, krakeelend wie ein Rohrspatz und mit Sicherheit ebenso lustig anzusehen... Plötzlich wird mit klar, dass ich hier nur mit kurzem sommerlichem T-Shirt und Slip bekleidet herumtanze, ein süffisantes Bild für diverse Nachbarn und ein leichtes Ziel für eventuelle rachedurstige Autodiebe... Mir fällt auf, dass ich trotz des Lärms und der Schreie immer noch mutterseelenallein auf der Straße stehe, kein Nachbar eilt einem zu Hilfe, geschweige denn dass irgendwo in der Straße ein Licht angegangen wäre. Na toll!! Von wegen Zivilcourage oder Nachbarschaftshilfe, das war ja wohl nix!! Also wieder ab ins Haus, mal sehen, was mein Göttergatte immer noch da oben im Schlafzimmer treibt. Ich stürme die Treppe wieder hoch, überlege, was mich wohl im Schlafzimmer erwartet. Tja um genau zu sein: die Situation ist gänzlich unverändert: Das Licht ist immer noch aus, der Ventilator summt leise vor sich hin und Göttergatte liegt immer noch schlafend im Bett... Als er mich an der Tür bemerkt fängt er an zu grummeln, was mich denn um diese Uhrzeit geritten hätte, so einen Krawall zu machen. Männer!! Die verschlafen noch den Weltuntergang und merken es nicht. „Diebe! Räuber! Verbrecher! Die wollten DEIN Auto stehlen! Gerade eben! Aber schlaf ruhig weiter, kannst ja ab morgen zu Fuß zur Arbeit laufen..." Als ob man bei ihm einen Stromschalter umgelegt hätte sitzt er plötzlich kerzengerade im Bett und starrt mich an. „Im Ernst? Ist der Wagen noch da? Hat er Kratzer abbekommen? Hast Du das schon kontrolliert?" Er springt ach so behände aus dem Bett und eilt nach unten. Es ist immer wieder schön, wenn jemand seine Prioritäten so klar zum Ausdruck bringen kann. Es ist völlig nebensächlich, ob ich auf offener Straße des nächtens um Hilfe brülle, überfallen, verschleppt, in Marokko für fünf Kamele eingetauscht, von Aliens entführt werde oder sonst irgendwie verschwinde. Aber das AUTO, das nagelneue Lackwunder darf ja kein Staubkorn abbekommen, nein, das geht nun überhaupt nie und nimmer! Ich folge ihm wieder nach unten und beäuge misstrauisch im Dunkeln das allgemeine Objekt der männlichen Begierde. Das Auto steht verlassen und hell erleuchtet da. Die Diebe haben auf ihrer Flucht tatsächlich alles fallen und liegen gelassen, was sie bisher auf ihrem Streifzug durch die Garagen und Autos unserer Straße so erbeutet haben. Lauter Werkzeuge, Radios, CD-Player, von denen wir nur eines wissen: uns gehören sie nicht. Also nachts irgendeinen verschlafenen und arbeitsunwilligen Polizisten ans Telefon zitiert, der uns an die Tagesschicht verweist, die ja in knapp drei Stunden beginnen würde. So lange sollen wir nichts anrühren und das Diebesgut bewachen. Na toll! Nach einiger Zeit treffen die ersten Collies wieder bei uns ein, sichtlich erregt und begeistert ob des nächtlichen Abenteuers. Erst eine halbe Stunde später kommen Hummel und Lilli wieder zurück. Erschöpft, abgekämpft aber mit einem seligen und zufriedenen Lächeln im

Gesicht. Ich weiß bis heute nicht genau, was sie erlebt haben, fest steht, dass seit dem Vorfall in einem Umkreis von ca. *500* Metern um unser Haus keine Einbrüche mehr zu beklagen sind, geschweige denn, dass auch nur eine Fahrradklingel vermisst wird.

Oft werde ich von Welpeninteressenten gefragt, ob so ein Collie denn auch auf das Haus und seine Bewohner aufpassen würde. Ob man sich „im Ernstfall" auf ihn verlassen könne und er sich mit Leib und Seele der Verteidigung von Haus und Hof widmen würde. Ich erzähle dann immer diese Geschichte mit dem Verweis, dass zwar nicht in jedem Collie so ein Braveheart wie Hummel steckt, ein Collie aber in der Regel in Ernstsituationen über sich hinaus wächst und sich dann zumindest mit aufgestelltem Fell und lautem Gekläffe wie ein Highlander *fühlt*, was in jedem Falle seine Wirkung tut – fragen Sie meine osteuropäischen Freunde, wenn Sie sie sehen...

Da kann doch der Hund nix dafür!

Ich sitze in einem Berg von Papier, Briefumschlägen Briefmarken und Einladungen zu unserem nächsten Welpentreffen, als mal wieder das Telefon klingelt:

- Noelle?!
- *Mölling.*

Pause.

- Hallo?!?
- *Mölling. Sag ich doch.*

Die näselnde Stimme wirkt leicht beleidigt.

- Aha. Ja was kann ich denn für Sie tun?
- *Die Leute von Canara Ruusch haben mich zu Ihnen geschickt!*
- Bitte wer?
- *C-a-n-a-r-a R-u-u-s-c-h, oder so ähnlich. Die haben gesagt, Sie haben Welpen zu verkaufen. Ich brauch da mal ein Weibchen.*
- Sie meinen eine Hündin!
- *Sag ich doch. Ein Weibchen.*
- Und diese Leute haben Sie zu MIR geschickt??
- *Sag ich doch. Die kennen Sie.*
- Ich kenne die aber nicht!!
- *Ja das ist mir eigentlich egal. Haben Sie nun Welpen oder nicht? Ich suche was in Dark Sable. Ich war auf Ihrer Homepage.*
- Tja wenn Sie auf unserer Homepage waren, dann haben Sie ja gesehen, dass wir erstens keine sable Hündin in dem Wurf dabei haben und zweitens alle Welpen bereits reserviert sind.
- *Wieso keine Hündin? Was ist denn mit Jack?*

- JACK ist ein MÄNNLICHER Vorname, demzufolge ist der Welpe ein Rüde.
- *Das stimmt nicht.*
- *Wie bitte?*
- *Meine Schwägerin heißt auch Jack. Also eigentlich Jacke-line, aber alle nennen sie Jack.*
- Aha. Es ändert aber nichts daran, dass Jack ein Rüde ist und nur Tricolor Hündinnen in dem Wurf...
- *Habe ich schon.*
- Was?
- *Habe ich schon. Tricolor. Ich habe aus dem Tierheim einen Tricolor Rüden bekommen. Ein ganz hervorragender Hund. Woll'n Se mal meine HP gucken?*
- Äaahh..
- *Also gucken Sie mal unter www.rockograntao.345-xyz. tildepage.de. Ist ganz einfach die Adresse!*

In mir keimt langsam der Verdacht auf, dass ich hier mal so richtig auf die Schippe genommen werden soll. Ich erwarte jeden Moment, dass ein Kasper aus dem Hörer hüpft und mir eröffnet, dass ich gerade die Hauptrolle im „Crazy Phone" spielen würde und gehe im Geiste alle meine Bekannten durch, denen ich zutrauen würde, mir so was an den Hals zu wünschen und zu initiieren. Aber nichts dergleichen passiert. Also lasse ich mich erweichen und gehe auf die angegebene Internetadresse. Dort strahlt mich ein netter, aber von der Qualität her durchschnittlicher Rüde an, zu dem noch schlecht fotografiert.

- *Ist er nicht toll? Ich kann Ihnen sagen, ich habe Hunderte von Deckanfragen für ihn, ich will mich ja hier nicht groß machen, aber ich bin echt begehrt!!*

- Äh, Sie oder der Hund?
- *Der Hund!! Deshalb will ich jetzt auch züchten! Ich habe gerade erst die Papiere für ihn bekommen. Das war nach 5 Jahren nicht so einfach, kann ich Ihnen sagen. Naja der Verein, der mir jetzt Papiere gibt, der hat sich das auch gut bezahlen lassen. Der Vatter hat ja leider keine Papiere, ist auch nichts mehr zu finden über den im Netz.*
- Moment mal, also nur mal so zusammengefasst: Sie haben einen Hund aus dem Tierheim übernommen, ohne Papiere und mit Sicherheit mit der Auflage, ihn nicht zur Zucht zu nutzen, egal wie. Tierheime bestehen in der Regel darauf. Dann haben Sie für ihn Papiere gekauft, wo die Abstammung nicht vollständig ist oder evtl. gar nicht stimmt. Für diesen Hund haben Sie also bereits Hunderte von Deckanfragen. Und deshalb wollen Sie züchten und suchen eine Hündin für ihn. Soweit richtig?
- *Ja, endlich mal einer, der mich versteht. Ich suche da einen Verein, der mir weiterhilft, wo ich dann züchten kann und so.*

Oh Mein Gott!! Wie bringt man solchen Leuten bei, dass ihr Hund keinerlei Anforderungen genügt, um in der Zucht Verwendung zu finden und dass ihre nicht vorhandenen Kenntnisse bezüglich der Rasse, Zucht und Welpenaufzucht sie und ihre Hunde ins direkte Desaster treiben würden? Ich versuche es mit Geduld und Spucke...

- Also ich fange mal direkt von vorne an Frau...
- *Mölling. Sag ich doch.*
- Ihr Hund mag in Ihren Augen ja ganz hervorragend und fantastisch sein. Aber ohne vollständiges Pedigree kann man

in keinem Verein mit ihm züchten.

- *Pedigree? Was ist denn das?*
- Ein Pedigree ist eine Ahnentafel, eine Abstammungsurkunde.
- *Kann ich das bei Pedigree kaufen?*
- Wo bitte?
- *Bei den Futterfritzen. Sie haben doch Pedigree gesagt! Was kostet das?*
- Äh nein ein Pedigree bekommt der Hund vom Züchter. Es gibt Auskunft über seine Vorfahren.
- *Muss ich ihm dann Pedigree füttern, um das zu bekommen?*
- NEIN!! Der Begriff Pedigree hat nichts mit dem gleichnamigen Futter zu tun!!
- *Warum reden Sie dann dauernd davon?*
- IHR HUND HAT KEINE VOLLSTÄNDIGEN PAPIERE!!!
- *Ja das weiß ich doch! Aber da kann ja der Hund nix dafür!*
- Nein, aber ich auch nicht!!
- *Dass die Papiere nich so doll sind haben mir auch schon andere Vereine gesagt, die wollten mich deswegen nicht mit meinem Hund. Alles Verbrecher!*
- Aha.
- *Aber da kann doch der Hund nix dafür, dass sein Vater ein Mischling war!!*
- Nein, aber mit solchen Hunden züchtet man keine RASSEHUNDE!!
- *Aber wieso wollen ihn dann alle als Deckrüden?*
- *Ja hat der etwa schon gedeckt???*
- *Nee, er WIRD erst Deckrüde. Bald.*
- Haben Sie ihn überhaupt auf erbliche Erkrankungen hin testen lassen?

- *Was denn so?*
- Naja angefangen mit den Augen...
- *Er kann gut gucken*
- ...der Hüfte...
- *Der läuft auch einwandfrei!*
- ...MDR 1... (Anm.: das ist eine erbliche Defekterkrankung, die eine Medikamentenunverträglichkeit zur Folge hat)
- *Er hat +/+!!! (Anm.: das bedeutet genetisch frei)*
- Ach Sie haben einen Gentest gemacht?
- *Nö brauche ich nicht. Der hat bisher alle Medikamente vertragen, hat nie drauf reagiert, also muss er +/+ haben.*

Herrje die Frau war nicht nur von sparsamer Intelligenz, sie war auch noch total ignorant!!

- Keiner bei uns im Club wird Ihnen je einen Welpen verkaufen. Was Sie da vorhaben ist grob fahrlässig und die Hunde müssen das ausbaden! Wieso wollen Sie überhaupt AMERIKANISCHE Collies züchten? Ihr Hund hat doch nichts mit Amerikanischen Hunden gemein.
- *Ich will Lassies züchten!*

Meiner gepeinigten Seele entschlüpft ein tiefes Stöhnen...

- *Ja man hat mir gesagt, dass die Lassies alle miteinander verwandt sind. Also auch mein Rocko. Deshalb ist er ein Amerikanischer Collie.*
- Was genau meinen Sie denn? Meinen Sie die Darsteller der Filme, die Filmhunde, oder meinen Sie die Rasse des Amerikanischen Collies? Wer soll miteinander verwandt sein?
- *Wieso Darsteller? Das sind doch alles Filme über den Hund*

Lassie und seine Verwandten. Also der Original-Lassie spielt in seinem Film über sein Leben. So ne Art Doku-Soap, wissen Sie was ich meine?

- Lassie war ein Buch, ein Kinderbuch.
- *Nein!! Lassie war ein Hund!! Ein Collie-Hund!!*
- Ja aber der Hund aus den Büchern hat nie real existiert! Es ist nur eine fiktive GESCHICHTE!! Erst gab es das Buch, dann kam der Film!
- *Also Frau Noelle, dass ich Ihnen das erst erzählen muss, dass der Lassie ein echter Hund war, der in seiner eigenen Soap spielte, das ist ja echt komisch. Ich dachte, Sie hätten Ahnung von Collies!!*
- Dachte ich auch...
- *Also jedenfalls brauche ich daher ein Amerikanisches Weibchen für Rocko. Bald. Ich will doch Lassies züchten!*

Lauter Fragen bombardieren mein gestresstes Hirn: Wie werde ich die Frau wieder los? Warum hassen mich die Leute von „Canara Ruusch" so sehr, dass sie mich weiterempfohlen haben? Kenne ich die überhaupt? Gibt es einen Gott? Was habe ich verbrochen, um ihn zu verärgern? Ich habe bis heute keine Antworten gefunden, werde aber regelmäßig von Frau Mölling per E-Mail belästigt. Immer wenn als Absender „MantaGirl583" aufblinkt, werde ich wieder drängend aufgefordert, ihr doch ein Amerikanisches Collie-Weibchen zu verkaufen – aber BALD!

Unfälle, plötzliche Erkrankungen und Todesfälle

Wenn sich jemand für einen Welpen interessiert, dann kommt irgendwann auch unweigerlich der Moment, in dem er Flagge zeigen muss. Er muss sich entscheiden, möchte er den von ihm auserwählten Welpen nun käuflich erwerben, oder nicht. Bei einigen Bewerbern stellt sich auch nicht nur die Frage des Wollens, sondern eher des Könnens. Finanziell gesehen. Das würden Sie aber so niemals zugeben, mir gegenüber schon gar nicht, geschweige denn sich selbst. So kommt es dann wie es kommen muss, der vermeintlich solvente Bewerber verpasst den rechtzeitigen Rücktritt von seinem Kaufvorhaben, meist aus Angst, das Gesicht zu verlieren oder weil er in der Traumwelt lebt, die Sache mit dem Geld „irgendwie wuppen zu können". Er hat sich einen Welpen ausgesucht und wir besprechen die Inhalte des Kaufvertrages. Das passiert in der Regel, wenn die Welpen gut sechs Wochen alt sind, weitere zwei Wochen später wird der Welpe dann an die neuen Besitzer übergeben. Nun ist es üblich, bei dem Vertragsabschluss eine Anzahlung zu leisten, damit der Käufer sicher ist, dass er diesen speziellen Welpen bekommt und ich wiederum weiß, der Hund ist gut untergebracht und definitiv vermittelt. Spätestens wenn das Gespräch auf die Anzahlung kommt, werden diese Käufer dann erstmalig ein wenig unsicher, manche verschlossen, einige laufen puterrot an und bei anderen wiederum kann man keine Reaktion beobachten. Alle haben jedoch eines gemeinsam: sie haben keine Anzahlung mit, keine EC-Karten (man könnte ja mal eben schnell die Anzahlung aus dem Automaten ziehen) und der begleitende Partner *zufällig* leider auch nicht. Nun kann so etwas ja mal tatsächlich passieren. Irgendwie. Es ist mir zwar schleierhaft wie man losziehen kann, um einen Hund zu kaufen und wie man das ohne Bargeld bewerkstelligen will, aber naja.

Ich biete in solchen Fällen dann immer an, die Anzahlung innerhalb von fünf Werktagen auf unser Konto zu entrichten. Spätestens jetzt wäre fairerweise der Punkt gekommen, um aus der Sache auszusteigen. Dieser letzte Moment wird in der Regel aber ebenfalls verpasst. Also werden Verträge gefertigt und unterschrieben, ein Abholtermin in *14* Tagen vereinbart, die Farbe des Welpengeschirrs für den Welpen ausgesucht, ja selbst eine genaue Uhrzeit für den Abholtermin wird vereinbart. Man kommt ja in *14* Tagen wieder! Stattdessen nimmt das Schicksal seinen Lauf. An Stelle der Anzahlung kommen spontane Absagen meist in Form von E-Mails, seltener haben die Herrschaften den A... in der Hose, persönlich per Telefon abzusagen. Nicht ein einziges Mal in all den Jahren habe ich einen ehrlichen Anruf erhalten, in dem man sich entschuldigt und zugibt: „Frau Noelle, es tut uns leid, aber wir können den Welpen nicht wie geplant übernehmen. Wir haben uns so in den Welpen verguckt, da haben wir uns hinreißen lassen und den Vertrag unterschrieben. Zuhause haben wir dann alles noch mal durchgerechnet und müssen leider einsehen, dass es momentan nicht passt. Bitte suchen Sie eine andere Familie für den Welpen". Meine Antwort wäre gewesen: „Kein Problem, vielen Dank für die schnelle Info. Sparen Sie einfach *6-12* Monate auf einen Welpen und wenn Sie möchten, können Sie sich dann gerne nochmals bei mir melden". Dieser Wortwechsel ist wie gesagt blanke Theorie, die Realität verwöhnt mich mit weitaus skurrileren Absagen und Ausreden, in der Regel herzerfrischend unglaubwürdig – obwohl genau das Gegenteil beabsichtigt wird – aber immer sehr kreativ. Die Gründe sind oft fehlende finanzielle Ressourcen, aber nicht immer.

Früher habe ich mich darüber geärgert, dann resigniert, inzwischen amüsiere ich mich köstlich bei jeder neuen blumig ausgeschmückten und mit mehr oder weniger ausgeprägtem schauspielerischen Talent vorgetragenen Ausrede. Nun werden diese Absagen in den letzten Jahren relativ selten, da ich die Anforderungen an meine Welpenkäufer merklich erhöht habe und die Vorauswahl kritischer treffe, aber gerade in den Anfangsjahren meiner züchterischen Tätigkeit gab es viele interessante Geschichten. Ich möchte selbstverständlich auch den Leser an dem Spaß teilhaben lassen und präsentiere hiermit die TOP 15 der Ausreden, Lügen und Absagen. Dabei muss ich erklärend bemerken, dass die unteren Ränge weniger kreativ ausfallen, dafür aber umso häufiger vorkamen. Die TOP 5 sind bisher einzigartig, in jeder Beziehung!

Platz 15: Hund aus dem Tierheim geholt

Eine der häufigeren Varianten. Bringt den Züchter in die moralische Zwicklage, ja nichts gegen diese Entscheidung einzuwenden oder die offensichtlich tierschützerische Intention des vertragsbrüchigen Käufers in Frage zu stellen. Es bleibt jedoch die Frage zu stellen, was jemanden einen Tag nach Abschluss eines Kaufvertrages für einen Hundewelpen dazu treibt, das örtliche Tierheim aufzusuchen. Klar oder? Im Tierheim sind die Hunde dann doch günstiger...

Platz 14: Autounfall gehabt, Reparaturkosten verschlingen alle Ersparnisse

Eine recht dramatische Geschichte, kann aber rein theoretisch jedem passieren. Ist in der Regel natürlich nicht nachzuprüfen. Wirkt im Nachhinein aber doch recht absonderlich, wenn man diese Familie sechs Monate später mit nagelneuem Auto und ca. acht Monate altem Retriever im Kofferraum beim Tanken an der Tankstelle trifft...

Platz 13: Vermieter will nun doch keinen Hund im Haus

Eine Ausrede, die selbst dem dreistesten Lügner schwer über die Lippen kommt, zumal ich *im Vorhinein* immer eine Bescheinigung des Vermieters über die Erlaubnis zur Hundehaltung verlange. Diese Aussage wirkt auch für den vermeintlichen Käufer so unglaubwürdig, dass er sie dann besser per E-Mail schickt.

Platz 12: Pferd verletzt, Klinikaufenthalt, Geld weg

Gaaanz beliebte Variante. Irgendein bereits vorhandenes Haustier, vorzugsweise ein teures Turnierpferd, hat sich über Nacht eine Kolik, einen Beinbruch, Kreuzbandriss oder Herzanfall zugezogen und muss nun dringend in die Tierklinik zwecks sauteurer Operation. Da bleibt jetzt leider kein Geld mehr für die Anschaffung eines Welpens übrig, das verstehen Sie doch Frau Noelle, oder? Sie haben doch auch Tiere, Sie wissen, was das kosten kann! Ja, Frau Noelle hat für alles immer und unbegrenzt Verständnis...

Platz 11: Knie-Operation kann nicht länger verschoben werden

Bringt den vertragsbrüchigen Käufer zwar nicht in finanzielle, jedoch in zeitliche und körperliche Schwierigkeiten wenn es darum geht, einen jungen Welpen zu versorgen. Besonders tragisch, da die Operation ja eigentlich vom Orthopäden schon seit sechs Monaten dringend empfohlen wurde. Soso. Auf meinen Einwand hin, dass man so eine bereits überfällige Operation durchführen lässt, *bevor* man sich einen Hund anschafft, der ja auch eine gewisse körperliche Mobilität bei täglichen Spaziergängen fordert, kam nur: „Das müssen Sie schon mir überlassen" als patzige Antwort. Nett...

Platz 10: Schwiegermutter ins Pflegeheim

Wenn keine eigenen dramatischen Umstände vorliegen, dann wird mal eben die Verwandtschaft mit einbezogen. Schwiegermütter und –väter, Onkeln, Tanten und Großeltern werden plötzlich schwerst pflegebedürftig und müssen von nun an rund um die Uhr betreut werden. Bei dem akuten Pflegenotstand in Deutschland ist natürlich keine adäquate Pflege zu finden. Aha. Nun wünsche ich niemandem, tatsächlich so ein Schicksal zu erleiden. Es wirkt aber doch sonderbar, wenn ich das alles erst erfahre, weil ich auf Grund der seit zehn Tagen ausstehenden Überweisung der Anzahlung mal telefonisch nachhake (immerhin vier Tage vor der Übergabe des Hundes) und dann diese tragische Geschichte serviert bekomme...

Platz 9: Mutter gestorben

Manche Vertragsbrüchige gehen sogar eine Stufe weiter: Ein Anruf eine Woche nach dem Vertragsabschluss teilt mir mit, dass am Vortage leider die Mutter ganz plötzlich verstorben sei und nun durch Beerdigung und Haushaltsauflösung keinerlei Zeit für einen Welpen vorhanden sei. Ich kondoliere artig und frage nach, wohin ich die Anzahlung, die ja sicherlich noch im Bankwege steckt, zurück überweisen soll. Da kommt dann die prompte Antwort, dass ich mir diese Mühe sparen könne, da die Zahlung in weiser Voraussicht (???) nie getätigt wurde...

Platz 10: Unerwartete Schwangerschaft

Bereits am Abend nach dem Vertragsabschluss erhalte ich einen aufgeregten Anruf, dass die Käuferin leider von dem keine drei Stunden alten Vertrag zurücktreten muss, da sie schwanger sei. Oha.. Sie sei ja schon seit vier (!!!) Wochen überfällig, da hat sie gedacht, bevor sie sich jetzt einen Welpen „an die Backe bindet", checkt sie das per Schwangerschaftstest mal ab. ICH würde bereits hektisch vor einer Apotheke stehen, wenn ich nur vier *Stunden* überfällig wäre, geschweige denn in aller Seelenruhe einen Hundezüchter aufsuchen und dort einen Welpen kaufen. Aber vielleicht nehme ich das Leben auch zu ernst...

Platz 7: Nachbar gestorben, Hund übernommen

Auch sehr nett. Ähnlich wie Platz 15, nur subtiler und damit einzig-artiger. Das Eingeständnis des aktiven Ganges ins Tierheim wird vermieden und das Schicksal entscheidet. Ist generell ein Fall, für den ich vollstes Verständnis hätte, kommt aber komisch rüber, wenn er einen Tag vor der geplanten Abholung des Welpens mitgeteilt wird, nachdem eine Woche lang das Handy abgeschaltet war (um Fragen nach der ausbleibenden Anzahlung zu entgehen?)...

Platz 6: EC-Karte wurde gestohlen und Konto leer geräumt

Jepp!! Kann ich voll nachempfinden, mein Konto ist auch immer zum Ende des Monats total leergefegt, nur habe ich dann meine EC-Karte immer noch...

Platz 5: Küche abgebrannt

Jetzt wird es kreativ! Die Anzahlung konnte leider bisher noch nicht getätigt werden da die Küche abgebrannt sei, in dem u.a. der Vertrag mit den Kontodaten lag. Das wäre ja nun aber im Nachhinein ganz praktisch, da sich das mit der Anzahlung ja eh erledigt hätte, ebenso mit dem Hund, da jetzt die Anschaffung einer neuen Küche absoluten Vorrang hätte. Guten Appetit...

Platz 4: Ausgesetzten Hund an der Raststätte gefunden – Schicksal?

Ebenfalls eine sehr schicksalhafte Variante. Wir kommen jetzt in den Bereich, in dem die Absagen sehr an Glaubwürdigkeit abnehmen, dafür an Einzigartigkeit und Kreativität kaum zu überbieten sind. Sie sind so fantasievoll, dass man sich denkt: Das können die nicht erfunden haben, oder? Diese spezielle Geschichte habe ich auch geglaubt, bis die Familie zwei Wochen später versehentlich eine erneute Anfrage nach einem Welpen über die offizielle Homepage des Clubs gesandt hat, unwissend, dass ich als 1. Vorsitzende Einsicht in alle eintreffenden E-Mails habe...

Platz 3: Umzug verschoben, weil die neue Wohnung von Mietnomaden besetzt ist

Ich bin sehr geneigt, diese Geschichte zu glauben, da die Familie, die es betrifft einen sehr seriösen Eindruck auf mich gemacht hatte. Die Anschaffung des Hundes war lange geplant, ebenso der vorher noch zu vollziehende Umzug in ein freistehendes Haus im Grünen. Es gab einen Mietvertrag und eine Erlaubnis zur Hundehaltung vom neuen Vermieter, die alte Wohnung war fristgerecht gekündigt worden, der Einzugstermin lag ca. zwei Wochen vor der Übergabe des Welpens, alles schien in Ordnung zu sein und die Familie freute sich sehr auf ihr neues Familienmitglied. Dann erhielt ich einen verzweifelten Anruf, dass der Hund leider nicht abgeholt werden könne, weil sie selber demnächst mit drei Kindern, zwei Katzen und acht Wellensittichen bei den Großeltern einziehen müssten. Der Umzug in das neu angemietete Haus könne nicht stattfinden, weil die Vormieter sich als Mietnomaden entpuppt hätten und das Haus zwar inzwischen verlassen, aber in total verwüstetem Zustand hinterlassen hätten. Das müsste jetzt erstmal renoviert werden. Zeitraum: ungewiss. Seelischer Zustand: völlig verzweifelt. Lust der Großeltern, noch einen zusätzlichen Welpen mit aufzunehmen: nicht vorhanden. Meine Reaktion: vollstes Verständnis.

Platz 2: Im Urlaub die neue Liebe gefunden

Nun tauchen wir in die große Welt der Liebe und der Liebenden ein, mit all ihren emotional geprägten Entscheidungen und Problemen, die sich daraus ergeben können. Eine sehr nette, vom Charakter her eher weichere Dame Anfang vierzig, etwas fülliger mit blondierten Haaren, wollte ihr neues Leben nach der jüngst durchlebten Scheidung mit der Erfüllung eines lange gehegten Traumes beginnen: ein eigener Hund. Wir suchten zusammen eine nette kleine Hündin für sie aus und sie wollte die Zeit bis zur Übergabe des Hundes noch mit einem Kurzurlaub füllen, da gerade Flugreisen künftig mit Hund ja nicht mehr so häufig statt finden können. Sie buchte 10 Tage Antalya und düste ab in den Süden. Am Tag der Übergabe des Hundes bekam ich einen knarzenden Handy-Anruf von ihr aus Antalya. Sie hätte dort die Liebe ihres Lebens gefunden, einen Animateur namens Kemal, sie würde jetzt ihr gesamtes Leben hinter sich lassen und dem Ruf der Liebe folgen – mit den Unterhaltszahlungen ihres betuchten Ex-Mannes im Gepäck und natürlich ohne Hund – Kemal mag keine Hunde. Sana mutluluklar! *(Übersetzung: Ich wünsche viel Glück!)*

Platz 1: Erwischt!!

Diese Geschichte muss ich etwas ausführlicher erzählen. Frau Liliane Demminger lernte ich kennen, als sie wie üblich zu einem Vorstellungs- und Beratungsgespräch ca. ein Monat vor der Geburt eines Wurfes mit ihrem Ehemann Dr. Norbert Demminger bei uns vorstellig wurde. Das Gespräch war sehr nett, sie hatte offensichtlich alle Zeit der Welt, sich aufopferungsvoll um eine junge Hundeseele kümmern zu können.

Sie hatte ein eigenes Nagelstudio, gut ausgebildetes Personal und dadurch einen unermesslichen Vorrat an Freizeit, die es jetzt zu gestalten galt. Dr. Demminger stand dafür leider nicht zur Verfügung, weil er auf Grund seiner politischen Ambitionen zeitlich und geistig sehr gebunden wäre. Das nächste Gespräch fand dann ca. drei Monate später statt, als es darum ging, einen passenden Welpen für sie auszuwählen. Sie hatte sich deutlich verändert, was wohl nicht nur an der frühsommerlichen Jahreszeit lag. Sie trug ein buntes Sommerkleidchen, peppige Sandalen und wirkte gelöst, entspannt und ein wenig backfischig. Letzteres lag offensichtlich an der neuen männlichen Begleitung an ihrer Seite. Ein hübscher junger Mann, stattliche Erscheinung, Typ Brad Pitt und locker flockig 15 Jahre jünger. Sein Rufname: Johnno. Nun bin ich ja ein unvoreingenommener Mensch und wollte ihr nicht gleich das offensichtlich Offensichtliche unterstellen. Auf meine kurze Nachfrage, ob sich an ihren persönlichen Verhältnissen etwas geändert habe, was der Anschaffung und Betreuung eines Welpens im Wege stünde, verneinte sie. Na gut. Vielleicht ist der Schönling ja auch ihr Sohn. Ich betrachtete John-Boy noch einmal ausführlich und suchte nach familiären Ähnlichkeiten mit dem Ehepaar Demminger. Fehlanzeige. Möglicherweise adoptiert. Oder frauenlos auf einer Straße in Hollywood gefunden. Vielleicht auch in einem Sonnenstudio zugelaufen. Egal. Wir begannen das Gespräch über die Hunde und letztendlich suchten wir einen passenden neuen (natürlich weißen) Begleiter für Liliane Demminger aus. Ihr schöner Toy-Boy fand das eher langweilig und war deutlich erleichtert, als der Aufbruch nahte. Er schüttelte sich die Hundehaare von der Wildlederjeans und der perfekt gestylten Mähne und strebte dem Ausgang entgegen. Ich sollte ihn nie wieder sehen... Aber nicht nur ihn! Zwei Tage vor dem Abholtermin erhielt ich einen Anruf:

- Noelle ?!?
- *Hallo Frau Noelle, hier ist Frau Demminger...*

Das Flüstern war kaum zu verstehen.

- Ja Hallo Frau Demminger, wie geht es? Alles bereit für den kleinen Stöpsel?
- *Pssst!!! Bitte sprechen Sie nicht so laut!! Mein Mann könnte uns hören!*

Wie soll ihr Ehemann mich durch das Telefon hören?!? Offensichtlich war Frau Demminger leicht überspannt momentan. Aber um des lieben Friedens willen senkte ich merklich die Lautstärke und raunte zurück:

- ...und das wäre ein Problem, weil?????
- *Ich habe eigentlich ja gar keinen Grund, mit Ihnen zu telefonieren. Ja ich darf gar keinen Grund haben, das ist ja das Problem!!*
- Also Frau Demminger was immer Sie an Tabletten nehmen, nehmen Sie bitte weniger davon! Und wenn Sie wieder klar sind, rufen Sie mich einfach wieder an.
- *Neeiin!! Das wird unser letztes Gespräch sein, zumindest bis die Scheidung durch ist und das kann dauern. Es geht hier schließlich um Geld und Immobilien. Viel Geld! Das werde ich ihm doch nicht so einfach überlassen!!*
- Scheidung??? Auf einmal??
- *Ja letztendlich sind Sie schuld Frau Noelle!*
- ICH?????
- *Ja, wenn ich nicht vor zwei Wochen bei Ihnen gewesen wäre, hätte Norbert das mit mir und Johnno nie herausbekommen.*

Aber diese Juckelei durch die ganzen Heidedörfer, man kann ja nicht in jedem Kaff glatt 50 fahren, oder? Dann kommt man ja nie da weg!!

Langsam fing es bei mir an zu dämmern...

- Sie sind geblitzt worden!
- *Ja leider.*
- Mit John-Boy neben Ihnen...
- *Mit wem???*
- ... mit Ihrem Begleiter...
- *Ja.*
- ...und einem schönen Fotoportrait von Ihnen beiden...
- *Sehr schön und sehr scharf.*
- ... das dann der gute Norbert auf den Tisch bekommen hat...
- *Der Wagen läuft doch auf ihn.*
- Norbert hat Fragen gestellt?
- *Viele!*
- Die Antworten haben ihm nicht gefallen?
- *Er wollte mir nicht glauben. Ich habe versucht ihm zu verkaufen, dass ich meiner Schwester Juliane den Wagen geliehen hätte und selber in Berlin war. Juliane zieht mit und ein paar Freundinnen in Berlin haben die Story auch bestätigt...*
- Hat er nicht geglaubt.
- *Nein. Aber das ist nicht wichtig. Wichtig ist, dass er mir nichts nachweisen kann von wegen Ehebruch und so bei der Scheidung jetzt. Das würde teuer werden.*
- Deshalb dürfen Sie nie bei mir gewesen sein und schon gar keinen Hund gekauft haben, verstehe...

Ich kam mir vor wie in einem äußerst schlechten Film. Das Drehbuch war so banal und klischeehaft, dass noch nicht einmal ein öffentlich-rechtlicher Fernsehsender sich daran wagen würde. Und gerade deshalb ist die Geschichte real. So etwas denkt sich freiwillig keiner aus, erst recht nicht, wenn er dadurch in eine so peinliche Situation gerät. Sie hat mich ehrlich überrascht, amüsiert, und zum ersten Mal empfand ich so etwas wie ein wenig Schadenfreude. Wie heißt es noch so schön? Nichts ist so hart wie das Leben, auch John-Boy nicht!! Ich hoffe für Liliane Demminger, er war es wert...

CSS – das Collie-Sammel-Syndrom

Ich möchte hier heute auf das äußerst gefährliche CSS-Syndrom aufmerksam machen, das in letzter Zeit vermehrt Besitzer von Collies befällt. Das CSS ist eine relativ neue Zivilisationserkrankung, die sich im Allgemeinen erst ab einem Alter von ca. 40 Jahren aufwärts deutlich zeigt. Maßgeblich dafür sind wahrscheinlich die privaten Verhältnisse der Betroffenen, die sich ab der Lebensmitte deutlich verändern und den Weg für das CSS frei machen: Eine gewisse finanzielle Absicherung und ausreichend geräumige Wohnverhältnisse in zumeist frei stehenden Einfamilienhäusern. Ein Garten dazu ist häufig anzutreffen, aber er gehört nicht fest zum Krankheitsbild. Manchmal ist das CSS auch schon ausgebrochen, bevor der betroffene Patient sich dem Haus mit Garten zuwendet, quasi um seiner Krankheit erst recht den Weg zu bahnen.

Wie genau sieht das Krankheitsbild aus, was ist die Vorgeschichte und kann ich mich vor einer Erkrankung schützen? Nun die Vorgeschichte ist in der Regel ganz harmlos und beginnt meistens bei weiblichen Betroffenen. Am Anfang steht der Wunsch nach einem Familienhund. Die Kinder sind erwachsen und aus dem häuslichen Umfeld weitgehend verschwunden, damit werden Energien und finanzielle Ressourcen frei, die genutzt werden wollen. Es kommt wie es kommen muss: ein Colliewelpe kommt ins Haus. Der Hund wird schnell zum Kindersatz mit all den einher gehenden Privilegien. Der Hund wächst den Besitzern schnell ans Herz, er wird zum Familienmitglied.

Der gesunde Menschenverstand hat zu diesem Zeitpunkt bereits schon schwer gelitten, erste massive Ausfälle machen sich bemerkbar. Inzwischen ist auch der männliche Colliebesitzer an CSS erkrankt, er

weiß es nur noch nicht. Die Symptome sind aber eindeutig: er ist gerne bereit, für den kleinen Schlingel ein halbes Monatsgehalt für Bettchen, Leckerlies, Intelligenzspielzeuge, das allerbeste Futter, einen Personal Dog Coach und die wöchentlichen Physiotherapiestunden auszugeben, – ja das frischgebackene Herrchen fühlt sich sogar GLÜCKLICH dabei! Das ist eine wirklich ernst zu nehmende Abweichung des normalen Verhaltens eines Homo Sapiens! An dieser Stelle müssten bereits erste Therapiemaßnahmen eingeleitet werden! Warum kommt es aber letztendlich nicht dazu? Warum beginnt sich statt dessen die Spirale in den Wahnsinn immer schneller zu drehen? CSS-Patienten sind sich ihrer Krankheit nicht bewusst. Instinktiv umgeben sie sich mit anderen schwer Erkrankten, verbringen ihre Freizeit miteinander und führen ausufernde Gespräche über ihr vermeintlich normales Leben.

Mit dieser so genannten „Kontaktphase" beginnt die nächste Stufe des CSS: Das Sammel-Bedürfnis wird geweckt. Durch den Kontakt zu anderen Colliebesitzern wird dem CSS-Patienten klar, dass sein Hund als Einzelhund definitiv einen hündischen Partner vermisst. Der Hund verhält sich in Colliegesellschaft so wunderbar entspannt, gesellig und glücklich. Der CSS-Kranke beginnt sich Sorgen zu machen, dass er seinem Hund kein optimales Leben bietet, dass sein Hund davon schwere psychische Schäden, ein gestörtes Sexualverhalten oder gar noch schlimmere Verhaltensmuster aufweisen wird. Von den anderen, meist ebenfalls bereits infizierten und voll im Krankheitsbild stehenden Colliebesitzern bekommt er vorgelebt, wie schön und harmonisch ein Leben mit mehreren Collies ist. Der Krankheitsverlauf nimmt an dieser Stelle die letzte Hürde. Um sich und den Hund zu beruhigen wird innerhalb kürzester Zeit, meistens spätestens zwei Jahre nach der Anschaffung des ersten Hundes, die nächste Stufe der Krankheit eingeläutet: Man wird zum „Zweithundehalter". Man beruhigt sich und nicht infizierte Bekannte und Angehörige mit Argumenten, dass so viele Hundespielzeuge ja auch für zwei Hunde reichen, ebenso die Liegestätten, der Urlaub in Flugregionen ist mit dem ersten Hund eh schon Geschichte und ein größeres Auto wäre ja auch schon vor der Anschaffung des Zweithundes getätigt worden. Und das bisschen Futtergeld macht den Kohl nun auch nicht mehr fett. Unterstützung bekommt der Kranke in dieser Phase auch noch von der Schwersten der Erkrankten, der Züchterin seines Hundes! Sie nimmt ihm jegliche Hemmungen und Bedenken und versorgt ihn gerne mit neuen Drogen – sprich niedlichen Colliewelpen. *(Vorsicht: Als besonders gefährlich gilt eine bekannte Züchterin aus der Lüneburger Heide!! Diese Frau hat schon viele Personen infiziert und hat leider gar keine Hemmungen, den bereits erkrankten Colliebesitzern weitere Welpen anzudrehen!!)*

Die Spirale des CSS beginnt sich rasant weiter zu drehen. Freunde und Bekannte, die sich den Argumenten weiterhin entgegen stellen werden rigoros überstimmt, als Spaßbremsen tituliert, bestenfalls ignoriert aber letztendlich immer aus dem Freundeskreis eliminiert. Aussagen wie „wer meine Hunde nicht mag, den mag ich auch nicht" oder „nicht ohne meine Hunde" machen die Runde und verfestigen das Krankheitsbild. Jetzt kommt die tückische Waffe des Collies zum Zuge: Zugegebenermaßen völlig ohne Absicht des Hundes. Den Collie gibt es in mehreren Farben und zwei verschiedene Haararten. Diese Laune der Natur ist zuständig für den Todesstoß und damit endgültigen gesellschaftlichen und geistigen Unterganges der CSS-Erkrankten. Die Sammelleidenschaft wird wach und damit der Wunsch, die gesamte Farb- und Fellpalette der geliebten Rasse doch in natura zu Hause präsent zu haben. Den dramatischen Fortgang der Erkrankung kann sich nun jeder (nicht infizierte) Leser bildlich vorstellen.

Die letzte Phase der Erkrankung, der „Mehrhundehalter" ist geboren. Völlig isoliert von der nicht infizierten Gesellschaft haust er in seinem ehemals wunderschönen Einfamilienhaus mit nun nicht mehr so vorbildlichem Garten, seine Kleidung ist gespickt mit Hundehaaren, ebenso sein Bett und sein Kühlschrank, aber er liegt abends selig zusammen mit seiner Frau und seiner hündischen Familie auf dem Sofa und genießt mit ihnen das Fernsehprogramm.

Beneidenswert, oder?